长江焦点关注
CHANG JIANG JIAO DIAN GUAN ZHU
丛书主编 郑守仁

长江口

主编 马建华

长江出版社

主编 郑守仁

副主编 马建华

副主编 仲志余

郑守仁，安徽颖上人，1940年1月生。中国工程院院士。1963年毕业于华东水利学院（今河海大学）水工结构专业。1997年当选为中国工程院院士。曾任长江水利委员会副总工程师兼葛洲坝工程设计代表处处长，隔河岩工程设计代表处处长。现任长江水利委员会总工程师兼三峡工程设计代表局局长，中国水利学会副理事长。

长期从事大型水利水电工程设计工作，在大流量、高水头河道截流和土石围堰与碾压混凝土围堰设计中有所创新，并常驻工地负责研究解决隔河岩水电站、葛洲坝工程及三峡工程设计与施工中的关键技术问题。先后获国家科技进步特等奖和一等奖各1项、二等奖2项，2004年获何梁何利基金科学与技术进步奖，2005年获湖北省科学技术突出贡献奖。

主要著作和论文：《水利枢纽工程质量标准及监控》；《导流截流及围堰工程》（上、下册）；“葛洲坝工程关键技术在三峡工程中的应用及发展”；“三峡工程与长江开发及保护”等。

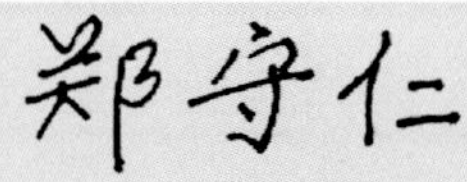

马建华，湖南祁东人，汉族，1963年2月生，1995年12月加入中国共产党，大学本科毕业，教授级高级工程师。

1979年9月至1984年7月，在清华大学水资源专业学习；1984年7月，毕业分配到长办规划设计处工作；1992年10月任长江委规划设计处防洪室副主任，1996年11月任长江委规划设计处防洪室主任；1998年3月，任长江委规划设计处总工程师；1998年7月，任长江委长江勘测规划设计研究院副总工程师；2001年8月，任长江委副总工程师；2004年6月起，任长江委总工程师、中共长江委党组成员。

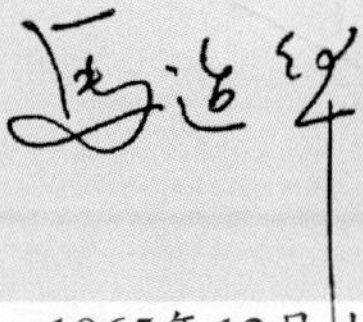

仲志余，现任长江勘测规划设计研究院副院长，1965年12月出生，江苏泰州人，汉族，九三学社社员、工学硕士、教授级高工。1982年9月至1989年6月相继在河海大学陆地水文专业本科和水资源水文专业研究生学习。1989年7月起在水利部长江水利委员会设计院规划处工作，历任规划处防洪室副主任、规划处副总工程师、总工程师，2002年10月任长江勘测规划设计研究院副总工程师，2006年2月至2006年8月任长江委副总工程师，2006年8月任长江勘测规划设计研究院副院长。

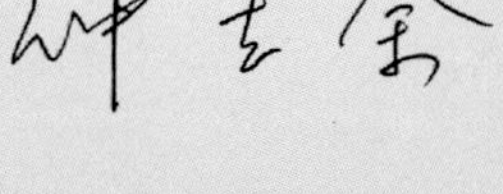

序

扼居长江入海口的长江口，以其区位优势、资源丰富、交通便捷，成为流域经济发展的前沿。在这里，人文荟萃，商贸繁盛，产业发达、都市群集，而且我国最大城市上海在这里建设，并已经成为国际化的大都市，成为我国金融、经济、贸易和交通的中心。这个区域的发展，河口就是她的依托和支撑。

长江河口水域宽阔，洲滩众多。动力条件复杂，既有径流作用，也有潮流作用。这里是盐淡水混合之区，夏秋之间还会有台风暴潮袭击，泥沙冲淤多变，常常威胁航槽。河口的口门上有拦门沙存在，成为入海航道的浅段，影响着航运事业的发展。

半个世纪以来，有关单位对长江河口进行了系统研究，对不稳定的沙岛进行护岸保坍，基本控制了它们的摆荡；应对洪潮袭击建设了达标的堤防；对淤涨的滩涂，不断进行圈围和堵汊，增加了大片淤涨土地；引用长江河口的淡水资源修建了水库；为适应船舶向大型化发展，在拦门沙地区建设了深水航道。以上工程措施对河口资源开发取得了很大成绩，同时也促进了河口地区社会经济的发展。流域和地区的经济发展也带来了河口区的水质恶化和生态系统受到挑战，或者说受到一定程度的破坏。近年来对河口水体废污水进行了部分处理，应对生态系统的变化，建设了自然保护区，进行了水生物流放和局部的生态修复。上述工程举措，为河口地区可持续发展，做出了可贵的贡献。

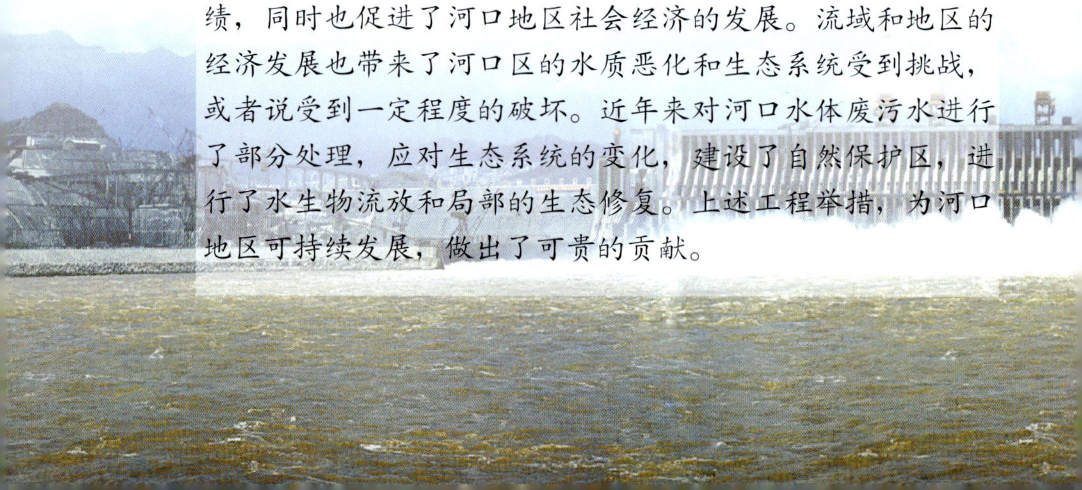

河口虽然受到人为因素的作用，但是河口的演变仍然要遵从来水来沙条件变化的自律准则：水沙运动不断地作用于河口河床，河床的冲淤变化不断地对人类活动带来相应的响应，有些影响应是负面的，甚至是颇为不利的。所以从持续发展的角度讲，我们要进一步认识长江河口，特别要认识到它们对全球变化响应带来的影响，如海平面上升等；要认识到人类以现代技术装备起来的在作用于流域和河口过程中的趋动力所产生的种种响应，如流域大型水利工程所带来的水沙变化以及污染物排放、河口地区的一些工程举措的影响等对策，全面系统地进一步深入认识长江口是非常必要的。

正在这个时候，长江水利委员会的专家们撰写了一本《长江口焦点关注》著作，引起我极大的兴趣。这本书的目的在于使社会大众对于他们所关注的长江口能够得到更多了解，如长江口的研究进展、治理整治目标和规划布局。作者们把众所关注的问题归纳为九大类，提出了上百个具体问题，涵盖长江河口的基本情况，形成与变迁，怎样的治理思想，如何进行河道整治，长远治理的设想。如何治理拦门沙、建设深水航道，如何利用长江的淡水资源干净水源何处寻。面对枯季咸潮入侵、怎样蓄淡避咸；对于河口后备土地的资源以及宝贵的岸线如何开发利用，台风暴潮对于河口的侵袭以及生态和环境等等。把问题展开，进行分析，提出解决途径和需要注意以及研究的问题，层次清晰，分析细致，真能发聋启聩，一新耳目，反映出对于河口研究、开发利用、规划设计及决策者，必须有一个系统的观点、综合的认识，应该有开发与保护并举，要求走持续发展的道路。本书的出版对长江口的研究和治理来说有着重要的价值。

中国工程院院士 陈吉余

2007年8月

编纂人员

主　　编　马建华

副 主 编　徐建益　陈肃利　王永忠

编纂人员　罗晓峰　侯卫国　林顺才

　　　　　李迎喜　李玉中　李红清

　　　　　童　波

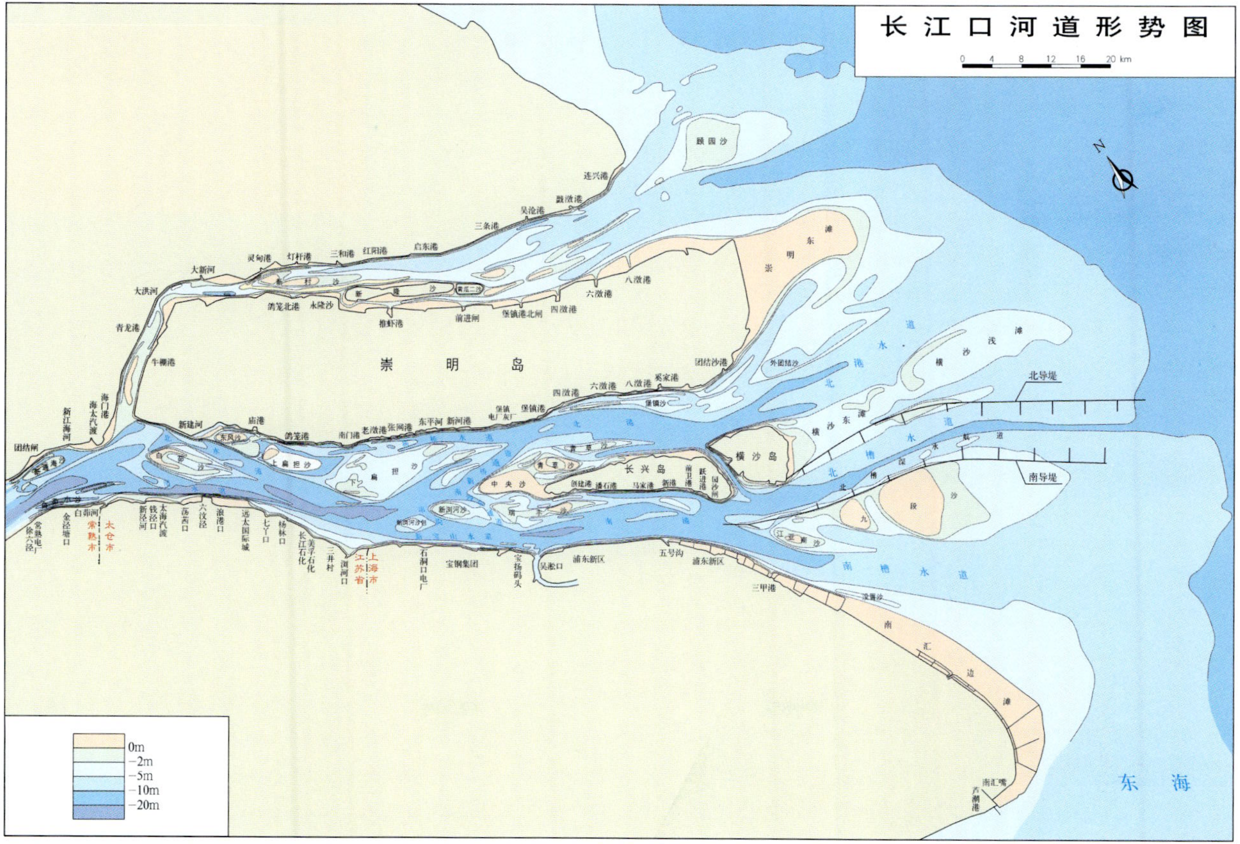
长江口河道形势图
0 4 8 12 16 20 km
N
崇明岛
长兴岛
横沙岛
东海
北导堤
南导堤
北港
南港
北槽
南槽水道
0m
−2m
−5m
−10m
−20m
上海市
江苏省
太仓市
常熟市
连兴港
启东港
三条港
灵甸港
大新河
大洪河
青龙港
牛棚港
新建河
庙港
团结沙港
吴淞口
宝钢集团
浦东新区
五号沟
三甲港
南汇边滩
崇明东滩
中央沙
扁担沙
顾园沙
长江口河道形势图

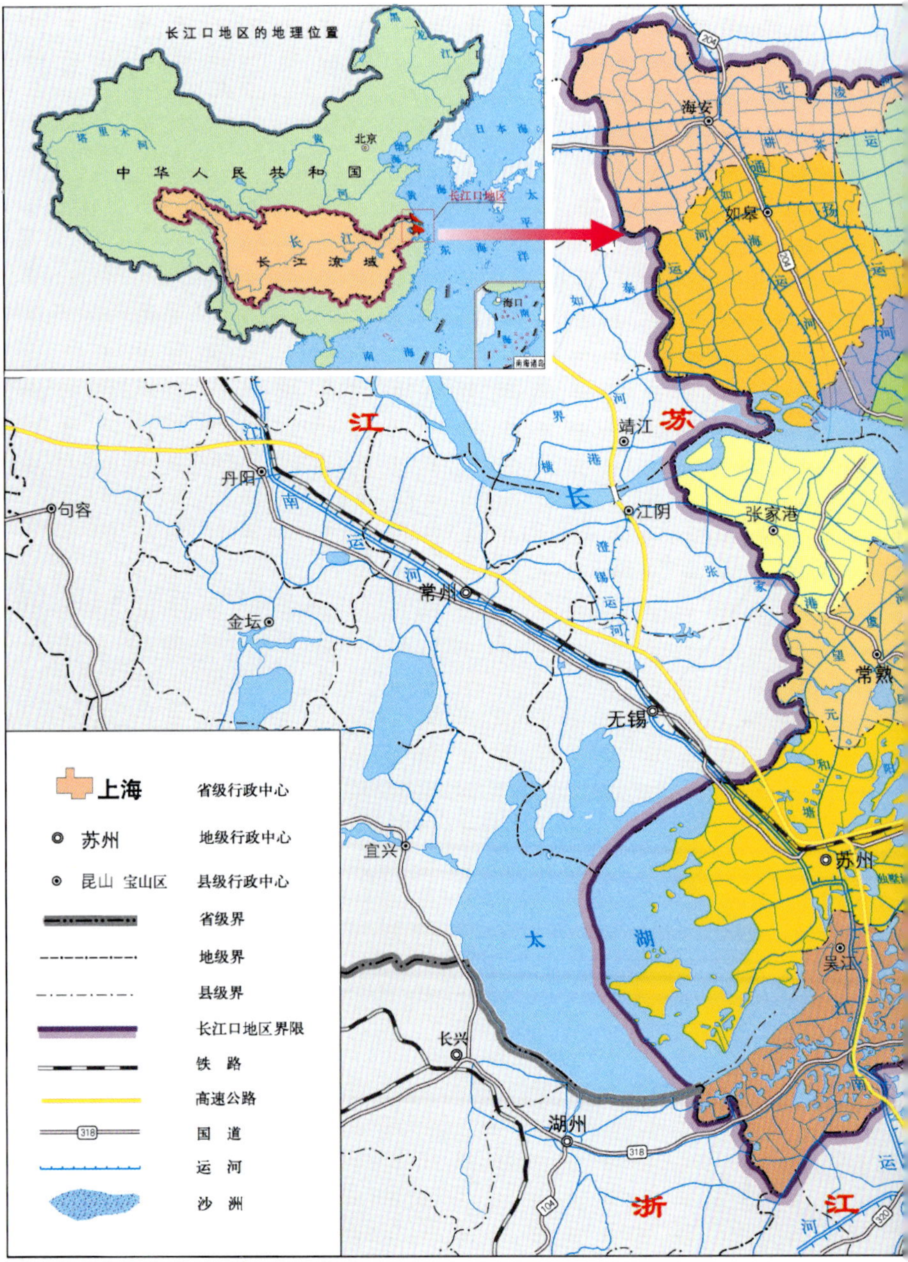

长江口地区的地理位置
中华人民共和国
北京
长江口地区
长江流域
日本海
太平洋
东海
南海
海口
南海诸岛
海安
如皋
靖江
江阴
张家港
常熟
丹阳
句容
常州
金坛
无锡
宜兴
苏州
吴江
长兴
湖州
太湖
江苏
浙江
上海 省级行政中心
苏州 地级行政中心
昆山 宝山区 县级行政中心
省级界
地级界
县级界
长江口地区界限
铁 路
高速公路
318 国 道
运 河
沙 洲

长江口地区行政区划图
0 10 20 30 40 50 km
黄
海
N
如东
通州
海门
启东
崇明
北
支
南
支
崇
明
岛
上
海
市
东黄瓜沙
顾园沙
崇明浅滩
长
江
口
佘山
太仓
嘉定区
宝山区
中央沙
青草沙
长兴岛
横沙岛
横沙东滩
横沙浅滩
江亚南沙
九段沙
鸡骨礁
上海
浦东新区
青浦区
南汇
松江区
闵行区
奉贤
金山区
平湖
50号灯标
大 戢 洋
大戢山
嵊泗
东
海

长江口地区行政区划图

NEC

东方明珠

长江口堤防

长江口输水管道

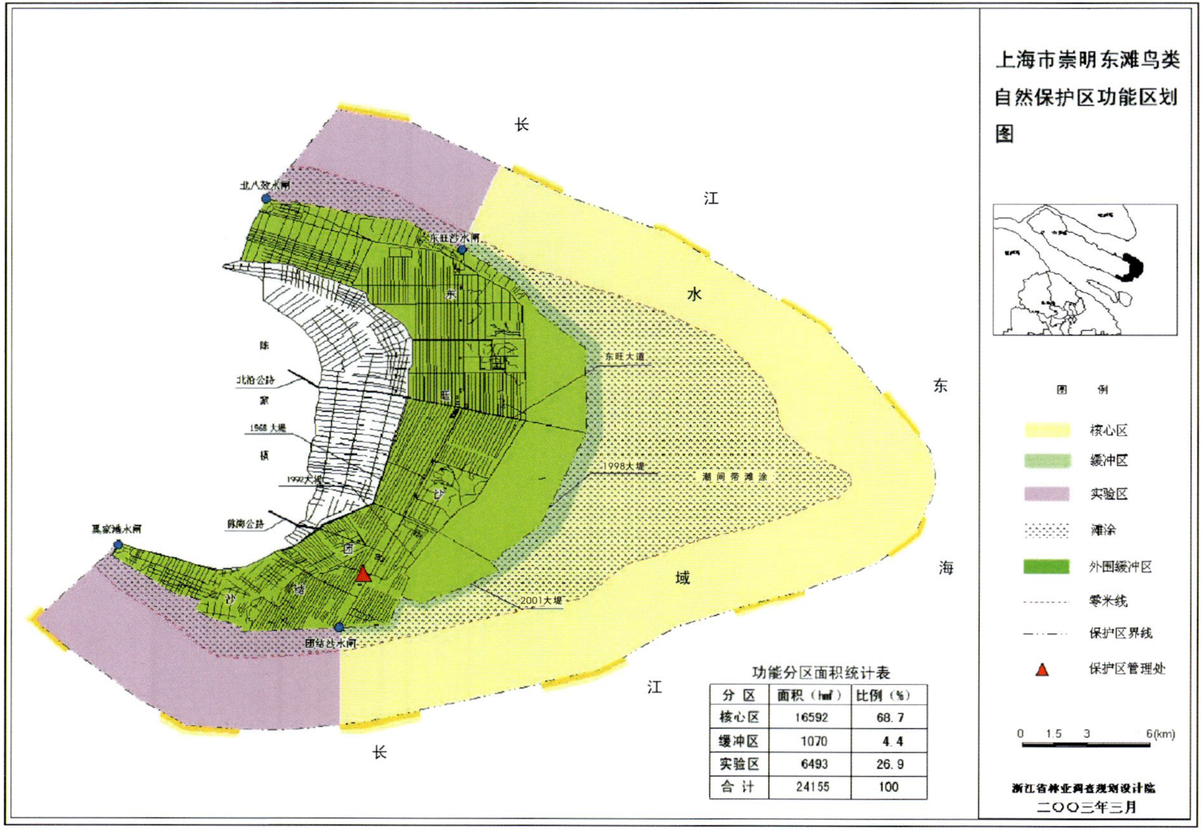

分 区	面积（h㎡）	比例（%）
核心区	16592	68.7
缓冲区	1070	4.4
实验区	6493	26.9
合 计	24155	100

崇明东滩鸟类自然保护区功能区划图

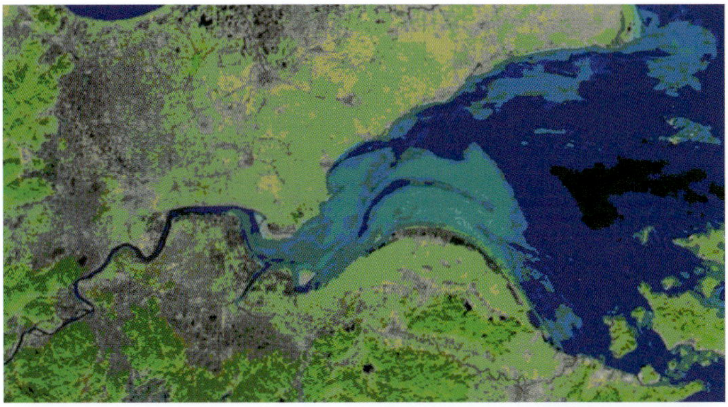

钱塘江口卫星照片

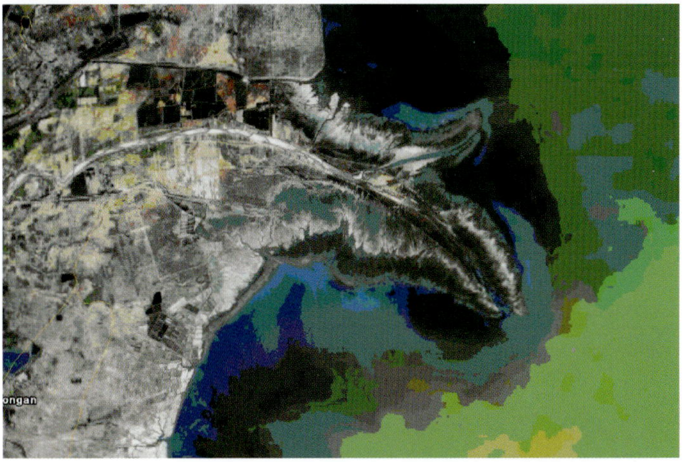

黄河口卫星照片

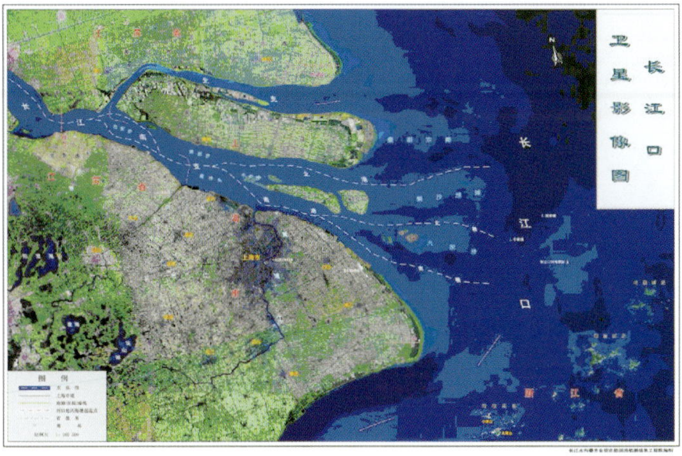

长江口卫星照片

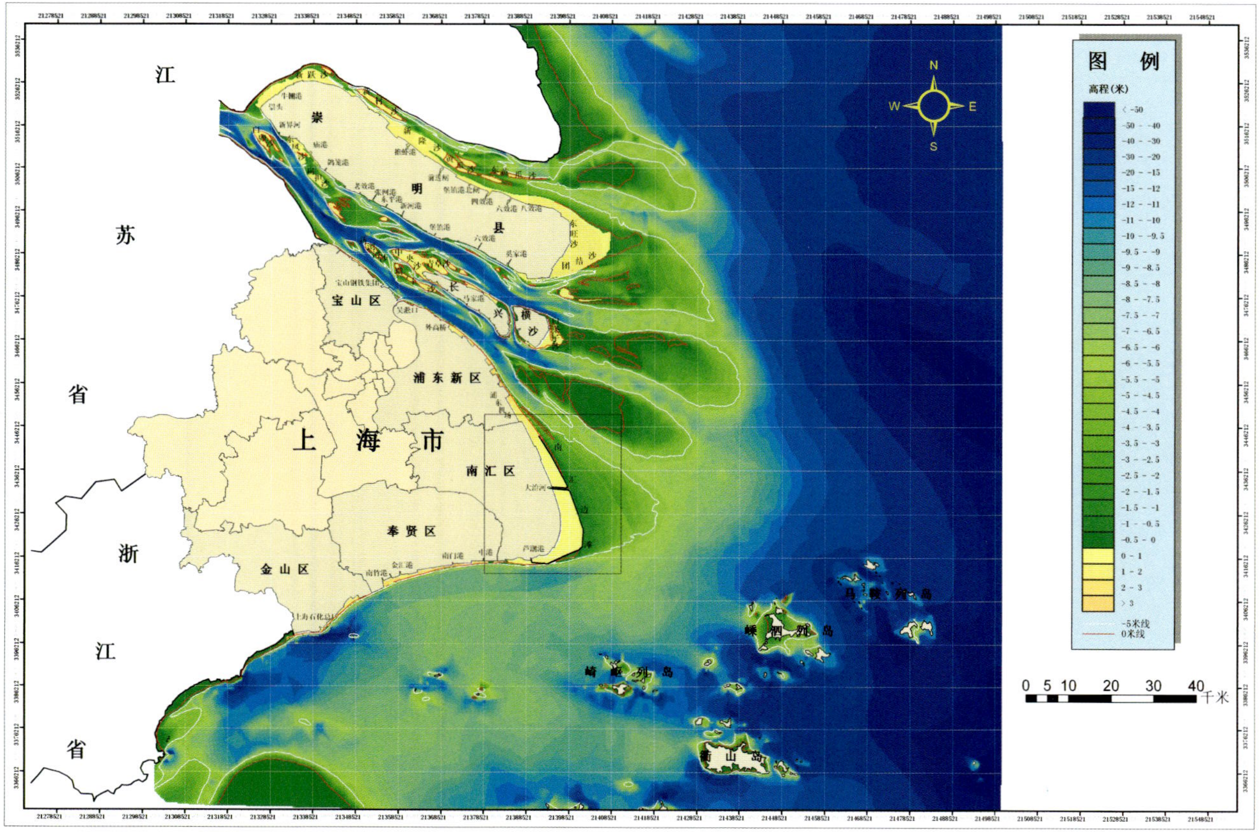
江
苏
省
浙
江
省
上 海 市
崇
明
县
宝山区
浦东新区
南汇区
奉贤区
金山区
横
沙
嵊 泗 列 岛
崎 岖 列 岛
马 鞍 列 岛
衢 山 岛
N
S
W
E
图 例
高程(米)
< -50
-50 - -40
-40 - -30
-30 - -20
-20 - -15
-15 - -12
-12 - -11
-11 - -10
-10 - -9.5
-9.5 - -9
-9 - -8.5
-8.5 - -8
-8 - -7.5
-7.5 - -7
-7 - -6.5
-6.5 - -6
-6 - -5.5
-5.5 - -5
-5 - -4.5
-4.5 - -4
-4 - -3.5
-3.5 - -3
-3 - -2.5
-2.5 - -2
-2 - -1.5
-1.5 - -1
-1 - -0.5
-0.5 - 0
0 - 1
1 - 2
2 - 3
> 3
-5米线
0米线
0 5 10 20 30 40 千米

长江口地形图

前　言

长江口扼长江口之咽喉，得水陆交通之便利，很早就是人类活动最频繁的地区之一。作为人口聚居，水土资源富集，产业发达，经济活动高度活跃的长江口地区，已成为我国目前经济开发的前沿阵地和依托场所。该地区滨江临海，集“黄金海岸”和“黄金水道”的区位优势于一体，是长江流域的精华地带，发展潜力巨大，对长江流域乃至全国的经济社会发展起着十分重要的推动作用。河口的整治与开发不仅关系到长江口地区经济社会的可持续发展，对长江流域乃至全国的发展均具有十分重要的战略意义。鉴于长江口地区的重要性以及社会经济发展与长江口治理开发关系的密切性，长江口的研究与治理问题一直为有关部门所重视，也是大众关注的焦点之一。

长江口河道宽阔、洲滩众多、水流动力条件复杂，不仅受长江丰沛径流的作用明显，受潮流的影响也十分强烈。同时，还受到风暴潮、咸淡水混合等因素的影响。不稳定的河道边界条件和复杂的动力因素，使得长江口冲淤多变，河道变化频繁，严重影响了长江口地区经济社会的可持续发展。长江口巨大拦门沙的存在，使得航道水深不足，加之河槽多变与暗沙的迁移不定，严重地制约了长江“黄金水道”航运效益的发挥；河口主流的变化和强烈的风暴潮的侵蚀，给两岸的防洪保安带来了严重的威胁；内河水环境的污染和长江口的咸潮倒灌，使得长江口地区正日益成为典型的水质型缺水地区；工业建设造成的环境污染、水产品的过度捕捞、滩涂的无序围垦等，致使长江口生态环境受到严重破坏，河口生态系统呈全面衰退趋势。鉴于长江口存在的上述诸多问题正日益成为制约流域经济社会发展的瓶颈，因而也越来越为社会各界所关注。为了让社会大众更多地了解长江口，了解长江口的研究进展，了解长江口的治理思路、整治目标和规划布局，我们回应社会关切，编写了《长江口焦点关注》一书，以使读者对长江口的演变历史、存在问题、治理开发的重要意义、治理前景等问题有一个比较全面、科学的认识。这也是几代毕生致力于河口研究的学者们的共同心愿。

书中我们首先向读者介绍的是长江口的基本情况，使大家了解长江口的范围、形态、类型、水沙特性、潮汐特征、咸潮入侵规律以及社会经济概况等基本情况，以使读者对长江口有一轮廓性的认识。

本书第二部分我们向读者介绍了长江口历史演变与近期演变，使读者能较全面地了解各历史时期的河口变迁、两千年来的河口发育模式、长江口现有三级分汊四口入海河势格局的形成过程、新中国成立以来长江口的演变规律等问题，使读者能对长江口自然演变的复杂性有较深刻的印象。

早在历史时期，人类就开始了与长江口风暴潮灾害的斗争，革命先驱孙中山先生在其《治国方略》中就对长江口深水航道的治理和上海深水港的建设提出了伟大的设想。可以说长江口整治的历史，就是人类对长江口治理不断完善的历史。在第三部分中我们概要地介绍了长江口治理的沿革。

为什么要对长江口进行综合整治与开发、长江口的治理要达到什么样的目标、河口治理要实现的主要任务有哪些、将来长江口要整治成什么样的河口、通过哪些措施可以实现我们的治理设想以及整治规划的总体安排等问题，是我们在第四部分中向读者重点介绍的内容。通过这些问题，可加深读者将对长江口整治规划的认识。

书中第五部分我们向读者介绍了大家普遍关心的长江口航道治理的有关问题，如长江口深水航道治理的研究过程、治理进展情况、治理效果以及一条深水航道能否满足长远发展的需要、长江口航道远景发展布局等。

长江口水土资源的合理开发与利用，对长江口地区经济社会的发展具有十分重要的促进作用，但如何妥善处理好开发利用与长江口水环境及生态环境保护之间的关系，是社会大众广为关注的问题。在书中第六部分、第七部分，我们介绍了长江口淡水资源利用、滩涂开发及岸线利用等方面大家较为关心的有关问题。

洪涝灾害历来就是中华民族的心腹之患，长江口地区因其经济社会的高速发展和在全国的经济地位的日益重要，其防洪安全也更为人们所关注。在书中第八部分我们就长江口防洪的特点、灾害的主要成因及治理对策等问题做了概要的介绍。

长江口区域无论是从生境、生物多样性程度还是资源承载力与贡献上看，均占有十分突出的地位，这一独特的区域对于维持河口、流域乃至全球生物种群的生存与延续、生态系统平衡、经济社会发展均具有十分重要的意义。正因为如此，长江口的生态环境问题，历来就是社会各界广为关注的热点问题。为回应社会关切，我们在本书的最后，向读者介绍了长江口生态与环境的特征、生态与环境的重要地位、目前存在的主要问题、拟采取的主要保护措施等方面的主要情况。

鉴于本书出版的主旨，更多地是为了便于各个方面、不同层次的读者都能对长江口的基本情况、存在问题、治理要求、治理安排等方面有轮廓性的认识，我们遴选了可能为大家所关注的有关问题，力求用通俗的语言，向社会大众做一概要性的介绍。尽管本书作者尽了很大的努力，但鉴于长江口的复杂性和受作者专业思维惯性的影响，书中有关叙述可能尚难以达到初衷，敬请谅解。

本书的编写和出版，得到了长江水利委员会有关部门的大力支持，特致谢忱！

由于编者水平有限，错误和疏漏之处在所难免，敬请批评指正。

编者

2007 年 8 月

目录

一、长江口基本情况

1. 长江口的范围和形态 /3
2. 长江口属于什么类型的河口？ /4
3.长江口的气象有哪些特点？ /6
4. 长江口的潮汐有哪些特征？长江口有没有涌潮？ /6
5. 长江口的潮流有哪些特征？ /7
6. 长江口的上游来水来沙有何特征？ /8
7. 长江口有多少岛屿？ /10
8. 什么是河口拦门沙？长江口拦门沙有哪些特点？ /12
9.什么是河口最大浑浊带？长江口最大浑浊带有哪些特征？ /13
10. 长江口咸潮入侵有何特点？ /14
11. 长江三角洲地区社会经济概况 /16

二、长江口的形成与变迁

12. 长江口的历史演变过程是怎样的？ /19
13. 两千年来长江口的发育模式是怎样的？ /21

14. 长江口三级分汊、四口入海的河势格局是如何形成的？ / 23
15. 长江口南支河势演变的基本特征 / 25
16. 长江口南北港及南北槽河势演变的基本特征 / 30
17. 长江口北支河势演变的基本特征 / 34
18. 长江口北支将会萎缩消亡吗？ / 37
19. 三峡工程对长江口河床演变将会产生怎样的影响？ / 38

三、长江口治理沿革

20. 历史时期长江口是如何治理的？ / 43
21. 新中国成立后长江口整治开发研究过程是怎样的？ / 44
22. 长江口整治的关键问题有哪些？ / 48
23. 长江口早期整治的重点在哪里？ / 49
24. 长江口近期整治的重点有哪些？ / 49
25. 长江口已实施的重大整治工程有哪些？/ 50
26. 长江口规划的重大整治工程有哪些？ / 51

四、长江口河道整治

27. 既然长江口深水航道已开始实施，并且已取得预期效果，为何还需要开展长江口的综合整治？ / 55
28. 长江口综合整治开发的主要目标有哪些？ / 57

29. 为什么说满足航运发展需要是长江口综合整治开发的首要任务？ / 58
30. 为何说稳定河势和改善淡水资源开发利用条件是长江口综合整治迫切需要解决的主要问题？ / 59
31. 长江口的长远整治方向是怎样的？ / 61
32. 为什么说整治、疏浚、围垦相结合是长江口整治开发的主要措施？ / 62
33. 长江口的整治为何要保持长江口“三级分汊、四口入海”的总体河口形态？ / 64
34. 什么是“治导线”？为什么说河口整治的治导线规划需要动态调整？长江口治导线规划对长江口的综合整治与开发有何指导作用？ / 65
35. 为什么要将“稳定节点、控制分流口、固定暗沙、适度缩窄河宽”作为南支河段河道整治的主要措施？ / 66
36. 既然徐六泾已经形成人工节点，为何还需要开展徐六泾节点整治工程？徐六泾节点整治工程主要由哪些部分组成？实施后有哪些作用？ / 67
37. 为什么说七丫口附近有可能形成徐六泾以下的又一人工节点？为何要加速七丫口人工节点的形成？ / 68
38. 为什么要抓紧进行南北港分流口的整治？整治后对“深水航道”的稳定有哪些作用？ / 69

39. 什么叫北支倒灌？北支咸潮和泥沙倒灌南支是如何形成的？北支倒灌有哪些不利影响？ / 70

40. 既然北支河道处于持续萎缩状态，为何不能将北支堵塞，以彻底解决北支倒灌问题？ / 72

41. 为什么要将"减轻或消除北支倒灌、延缓北支淤积速率、改善航运条件、科学开发滩涂资源"作为北支的综合整治目标？ / 73

42. 以往对北支整治进行了哪些整治方案的研究？什么是北支"阻隔型"整治方案？什么是北支"半阻隔型"整治方案？什么是北支"开敞型"整治方案？各有什么优缺点？ / 75

43. 北支近期整治为什么要采用"缩窄方案"？缩窄方案实施后是否会加速北支的衰亡？ / 78

44. 什么是北支建闸方案？为什么说北支建闸越靠近北支口门越有利？ / 80

五、长江口航道治理——百年之梦

45. 什么是长江口入海"深水航道"？ / 85

46. 为什么说长江口"深水航道"是百年之梦？ / 85

47. 12.5m 水深的"深水航道"产生的背景及其意义是什么？ / 87

48. 四口入海，深水航道在哪里？ / 89

49. 国家批准的"南港北槽深水航道"建设总体方案是什么？ / 91
50. "南港北槽深水航道"为何要分期建设，各期建设内容及目标是什么？ / 92
51. 目前工程进展如何，工程何时竣工？一、二期工程的效果怎样？ / 93
52. 一条入海深水航道是否能够满足长江口航运的发展需要？ / 94
53. 长江口航道远景的发展布局是什么？/ 94

六、干净水源何处寻

54. 长江口地区水资源有何特征？ / 99
55. 当前长江口水质状况如何？ / 100
56. 未来长江口水质趋势如何？ / 101
57. 何为咸潮入侵？咸潮入侵的危害如何？ / 101
58. 谁是咸潮入侵的元凶？能否束缚？ / 103
59. 长江口淡水资源开发利用还存在哪些问题？ / 105
60. 何为水质型缺水?为何说上海守在江边没水喝？ / 106
61. 上海水源地建设现状如何？ / 108
62. 上海干净水源何处寻？ / 109
63. 何为"蓄淡避咸水库"？为何要建设"蓄淡避咸水库"？ / 111
64. 哪些地方适宜建设水源地？ / 112

65. 上海“十一五”规划将建设哪些水源地？ / 114
66. 为何说河口治理可为水资源开发利用创造有利条件？ / 118
67. 怎样为水源地安全运行保驾护航？ / 119

七、滩涂、岸线开发利用

68. 河口地区的滩涂是怎样形成的？其分布有何特点？ / 123
69. 长江口地区平均每年约淤涨多少滩涂？ / 124
70. 什么是湿地？为什么长江口目前迫切需要协调好滩涂开发与湿地保护之间的矛盾？ / 125
71. 为什么说科学、适度围垦滩涂是长江口综合整治的重要措施？ / 129
72. 长江口滩涂的生态价值如何？ / 131
73. 为什么说按照长江口综合整治开发规划的要求合理围垦滩涂，可以做到湿地资源的动态平衡？ / 131
74. 长江口综合整治开发规划中，对哪些生态敏感区的滩涂实施了重点保护？ / 132
75. 为什么说岸线资源是不可再生的宝贵自然资源？沿岸经济社会的发展对岸线开发利用提出了哪些要求？ / 135
76. 目前长江口沿岸共有多少岸线？其中深水岸线有多少？ / 138

77. 目前的岸线开发利用主要有哪些方式？ / 138
78. 目前长江口的岸线开发主要存在哪些问题？为什么说当前长江口岸线的统一规划与管理问题日益突出？ / 138
79. 长江口的岸线开发利用为何要进行功能分区？是如何进行功能分区的？ / 140
80. 如何能做到岸线的可持续利用？ / 141

八、长江口的防洪(潮)问题

81. 长江口地区防洪(潮)问题具有哪些不同于径流河段的特点？ / 145
82. 什么是"风暴潮"？什么是"三碰头"？为什么说长江口地区的洪水位主要受风暴潮的影响？ / 146
83. 风暴潮会带来怎样的灾害？ / 148
84. 近年来长江口的高水位为什么呈抬高趋势？大约抬高了多少？ / 151
85. 目前的堤防现状能满足国民经济发展的要求吗？ / 152
86. 长江口地区防洪(潮)标准是怎样拟定的？ / 153
87. 长江口规划开展哪些防洪(潮)工程建设？ / 154
88. 长江口地区防洪(潮)体系中有哪些非工程措施？ / 155

九、长江口的生态与环境

89. 长江口的生态与环境具有哪些典型特征？ / 159

90. 为什么说长江口的生态与环境具有十分重要的战略地位？ / 161

91. 长江口的水功能区划成果如何？ / 162

92. 长江口分布有哪些环境敏感区域和环境敏感对象？ / 166

93. 长江口分布的重要饮用水源地水质状况如何？保护措施有哪些？ / 170

94. 长江口分布有哪些重要湿地？不同类型湿地主要特点有哪些？ / 172

95. 保护长江口重要湿地的措施有哪些？ / 173

96. 长江口水域分布哪些珍稀水生动物，其主要生态习性如何？ / 175

97. 保护长江口珍稀水生动物的措施有哪些？ / 180

98. 长江口及邻近海域分布有哪些重要渔场？其主要特征如何？ / 181

99. 保护长江口重要渔场的措施有哪些？ / 183

100. 长江口的相关规划实施需要协调解决哪些生态与环境问题？ / 184

101. 公众关注的长江口其他生态与环境问题有哪些？ / 186

102. 长江口的生态与环境保护急需开展哪些研究？ / 188

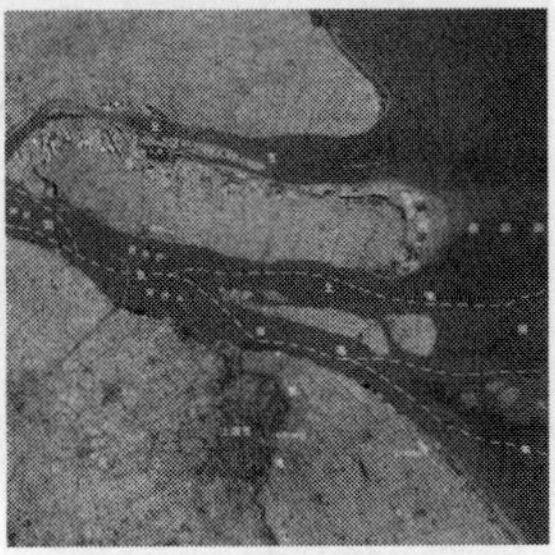

一、长江口基本情况

（专家：徐建益）

徐建益，男，江苏南通人。1984 年毕业于武汉水利电力学院河口海岸动力学专业，获硕士学位。现任长江勘测规划设计研究院副总工程师，上海分院院长。长期从事长江口的开发整治规划研究工作。是《长江口综合开发整治规划要点报告（ 1997 年版本）》和《长江口综合整治开发规划要点报告（ 2004 年修订）》主要技术负责人。曾先后获得水利部水规总院科技进步一等奖，水利部长江水利委员会年度科学技术进步一等奖，上海市科学进步一等奖。

参加国家“八五”重点科技攻关项目“长江产业带的建设与发展研究”。1997 年受到国家计委、国家科委、财政部的国家“八五”重大科技攻关成果表彰。

作者在国内外发表多篇关于长江口整治开发规划的专题论著，被水利部水利水电规划设计总院授予“全国水利勘测设计行业优秀中青年技术人员”称号。

1. 长江口的范围和形态

河口的范围取决于河口的定义。关于河口的定义众说纷纭，较著名的有前苏联学者萨莫伊洛夫和美国河口海洋学家普里查德对河口的定义。其中，前苏联学者萨莫伊洛夫的定义在国内使用较广，即“河口区的上边界是指潮汐作用所能到达的地方，下边界到河流泥沙塑造的河口浅滩的外边界”。按此定义，长江河口区的上边界位于距入海口门约 640km 的安徽省大通（即枯季的潮区界），下边界位于长江口水下三角洲前缘急坡处（约 123°E）。自上边界至下边界，河流作用逐渐减弱，潮流作用逐渐增强。

通常所说的长江口，是指河口区径流和潮流作用都很强的地区，即径流和潮流转换的过渡带，它上起徐六泾，下迄口外 50 号灯标，全长约 181km。长江口平面形态呈喇叭形，上段徐六泾河宽 5.7km，口门处启东嘴至南汇嘴展宽至 90km。长江主流在徐六泾以下由崇明岛分为南支和北支，南支在吴淞口以下由长兴岛和横沙岛分为南港和北港，南港被江亚南沙和九段沙分为南槽和北槽，使长江口呈三级分汊、四口入海的河势格局，共有北支、北港、北槽和南槽 4 个入海通道（详见图 1-1）。

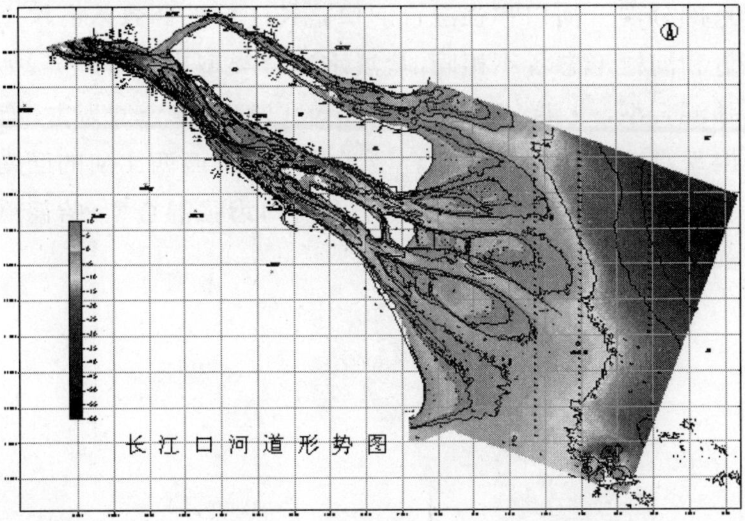

图 1-1　长江口河道形势图

2. 长江口属于什么类型的河口？

河口按平面形态可划分为三角江河口和三角洲河口两大类。前者是指海洋伸入大陆内部形成的漏斗状河口，如钱塘江口（详见图 1-2）、泰晤士河口。后者是指大陆突出到海洋内形成的三角形泥沙堆积体，如黄河口、珠江口、多瑙河口和尼罗河口等。按此划分，长江口属三角洲河口。

三角洲河口按其河态又可分为鸟足状三角洲河口和圆弧状三角洲河口，前者是由于河流含沙量大而海洋侵蚀力相对较弱所致，如黄河口（详见图 1-3）；后者是由于河流含沙量中等而海洋侵蚀力较弱所致，如长江口（详见图 1-4）。

河口按潮汐作用强度差异可分为弱潮河口（平均潮差小于 2m）、中潮河口（平均潮差 2 ～ 4m）和强潮河口（平均潮差大于 4m）。长江入海口门处中浚站的平均潮差为 2.66m，属中等强度的潮汐河口。钱塘江口的澉浦站平均潮差 5.53m（最大潮差 8.93m），属强潮河口。珠江口平均潮差 0.86 ～ 1.63m，属弱潮河口。

河口按盐淡水混合程度可分为：高度分层河口（即弱混合型）、部分混合河口和强混合河口。长江口的四条入海汊道的径流量和河槽形态各不相同，盐淡水湿合类型也各有差异。如北支属强混合型，北港、北槽和南槽一般以部分混合型为主，有时也会出现高度分层型和强混合型。其他如密西西比河的西南水道为弱混合型，钱塘江河口和泰晤士河口为强混合型，哈德逊河口为部分混合型，等等。

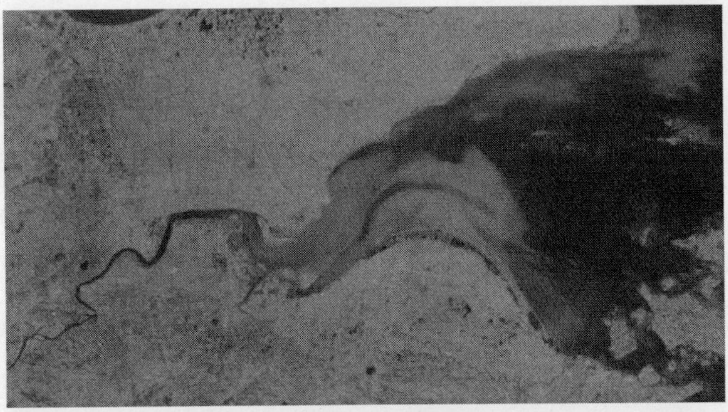

图 1-2　钱塘江口卫星照片

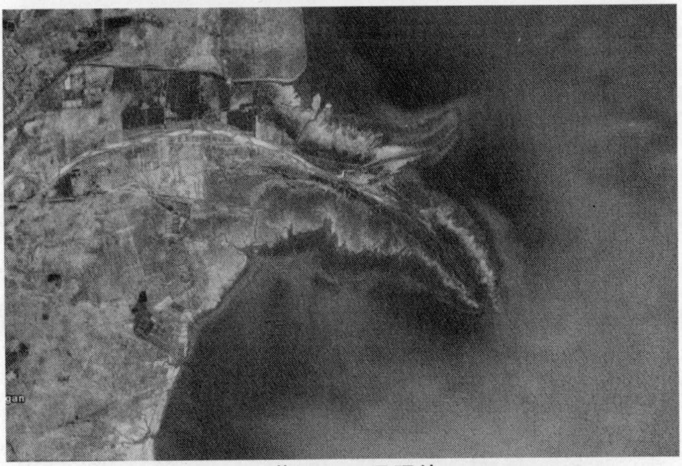

图 1-3　黄河口卫星照片

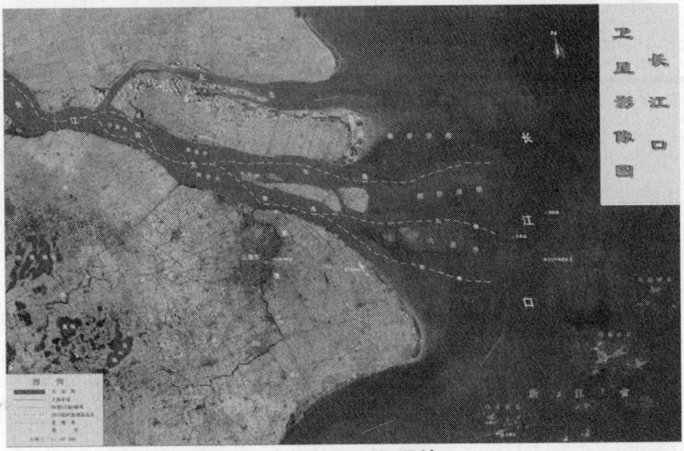

图 1-4　长江口卫星照片

3.长江口的气象有哪些特点？

长江口地区属亚热带季风气候区，气候温和，四季分明，雨水丰沛，日照充足。受地理位置和季风影响，气候具有海洋性和季风性双重特征。冬季寒冷干燥、夏季雨热同季、春季冷暖干湿多变、秋季秋高气爽构成了长江口地区的气候特点。

据区内各气象站资料统计，长江口地区年平均气温为15～16℃，最高气温40.2℃（1934年7月），最低气温-12.1℃（1983年1月）；年平均降水量为1100mm左右，年平均降水日数约125天。夏季降水量约占全年降水量的45%，尤以梅雨期降水日数多、雨量大且多暴雨，冬季降水量约占全年降水量的10%。长江口区风向有明显的季节性变化，全年以东南风出现频率最高，冬季盛行西北风或偏北风，夏季以东南风或偏南风为主，月平均风速以冬春两季各月较大，最大风速多发生在夏季的台风期，多年平均风速3～4m/s。长江口区光照充足，年平均日照时数2000～2100h，年平均蒸发量1200～1400mm，年平均相对湿度约为80%。

4.长江口的潮汐有哪些特征？长江口有没有涌潮？

长江口口外潮汐属正规半日潮，一个涨落潮周期为12小时24分钟。潮波进入长江口以后，由于水深变浅，加上径流作用逐步发生变形而成为非正规半日潮。长江口区潮汐日不等现象较为明显，尤其是高潮不等，一般夏半年是夜潮大于日潮，冬半年是日潮大于夜潮。潮波波形表现为以前进波为主的混合波，潮差从口门向口内逐渐减小，涨潮历时缩短，落潮历时延长。口门附近中浚站的多年平均潮差2.66m，最大潮差4.62m（详见表1-1）。

表1-1　长江口涨落潮历时和潮差

站名	徐六泾	青龙港	三条港	石洞口	高桥	中浚	鸡骨礁
平均涨潮历时	4h7min	3h9min	4h54min	4h22min	4h30min	5h2min	5h40min
平均落潮历时	8h18min	9h16min	7h31min	8h2min	7h55min	7h22min	6h45min
平均潮差(m)	2.03	2.69	3.07	2.15	2.35	2.66	2.57

20世纪40年代，长江口北支的永隆沙附近开始出现涌潮。

初期阶段，北支涌潮出现的次数少、潮头较低，又属于僻地，知名度不高。近年来，由于北支下口宽阔，河宽 11 ～ 13km，而上段不断束狭淤浅，河宽仅 1 ～ 2km，潮波变形加剧，涌潮出现次数渐趋增多，涌潮潮头已高达 1m 以上。在北支的青龙港可观看到涌潮的最大潮头和回头潮（详见图 1-5），每年农历八月十八赴青龙港观潮的人数日趋增多，故北支涌潮常称之为“青龙潮”。

图 1-5　长江口北支青龙港涌潮（摄于 2001 年 10 月 4 日）

5. 长江口的潮流有哪些特征？

潮汐是指水位周期性的涨落，潮流则是指水流流向和流速周期性的变化，故同一地区的潮流和潮汐的周期是基本相同的。长江口外潮流属正规半日潮流。潮流进入长江口以后，逐步发生变形而成为非正规半日潮流。潮流在进入河口之前，潮位和流速的时间过程基本保持一致，即涨潮流最大流速出现在高潮附近，落潮流最大流速出现在低潮附近，进入河口后，相应的水位和流速随时间变化不再同步，存在相位差，一般分为 4 个阶段，涨潮落潮流、涨潮涨潮流、落潮涨潮流、落潮落潮流。

由于长江口门宽阔，涨落潮量十分巨大。在上游径流接近多年平均流量，口外潮差接近多年平均潮差的情况下，平均潮流量达 26.63 万 m^3/s，为长江口多年平均流量的 9.3 倍。两个全潮的进潮总量洪季大潮可达 53 亿 m^3，小潮约 16 亿 m^3；枯季大潮可达 39 亿 m^3，小潮约 13 亿 m^3。

6. 长江口的上游来水来沙有何特征？

长江的长度为6300km，是世界第三长河，亚洲第一长河。世界排位第一和第二的长河分别是非洲的尼罗河和南美洲的亚马逊河。

长江的年平均水资源总量达9960亿m^3，居世界第四位，亚洲第一位。位居世界前三位的分别是亚马逊河、刚果河和奥里诺科河。

长江是一条年输沙量大而含沙量为中等的河流。长江出峡谷后进入中下游冲积平原，荆江河段含沙量为1.0～1.2kg/m^3，自城陵矶以下的中下游河段为0.5～0.7kg/m^3。径流量和输沙量均较大且含沙量与长江较接近的河流有北美洲的密西西比河与亚洲的布河、恒河、湄公河和伊瓦洛底河。

大通站是长江中下游最后一个径流控制站。长江口的径流特征可以用大通站实测资料来代表。据大通站1950～2001年资料统计（详见表1-2），多年平均流量28630m^3/s，相应多年平均径流量9036亿m^3；径流量年内分配不均匀，汛期5～10月份占全年的71.1%。从多年平均情况来看，7月份径流量最大，为1350亿m^3，约占年径流总量的15.0%；2月份径流量最小，为284亿m^3，仅占年径流总量的3.1%；径流的年际变化较大，历年最大年径流量为1954年的1.36万亿m^3，历年最小年径流量为1978年的6760亿m^3。

表1-2　　大通站多年月平均流量统计表（1950～2001年）

单位：流量 m^3/s

时间	1月	2月	3月	4月	5月	6月	7月	8月	9月	10月	11月	12月
流量 m^3/s	11000	11740	15910	24150	33750	40210	50460	44110	40060	33610	23280	14000
%	3.26	3.14	4.71	6.93	10.00	11.54	14.96	13.08	11.50	9.97	6.68	4.21

近50年来，大通站来水量变化趋势不显著（图1-6），以年代平均来水量作比较，来水量最小的20世纪70年代与来水量最大的90年代相比，变化幅度为11%。20世纪90年代，长江来水量还略有增加。

长江口的泥沙主要来自上游。据大通站 1950~2001 年实测资料统计，多年平均含沙量 0.48kg/m³，多年平均输沙量 4.30 亿 t。历年最大年平均含沙量为 0.697kg/m³（1963 年），最小年平均含沙量 0.28kg/m³（1994 年）。年最大输沙量 6.78 亿 t（1964 年），年最小输沙量 2.39 亿 t（1994 年）。由于长江的输沙量与降水和径流有直接关系，输沙量的年际变化年内变化特性与径流量的变化特性相应。据大通站径流泥沙同步资料系列分析，流量与输沙量在水文年内的变化过程基本同步，且沙量的年内分配比水量更集中。

受上游建坝及水土保持等人类活动的影响，自 20 世纪 60 年代以来，长江来沙量总体上呈持续下降趋势。2002 年，大通站来沙量已不足 3 亿 t（详见图 1-7），2003 年又降至 2 亿 t 左右，2006 年仅为 1.68 亿 t。

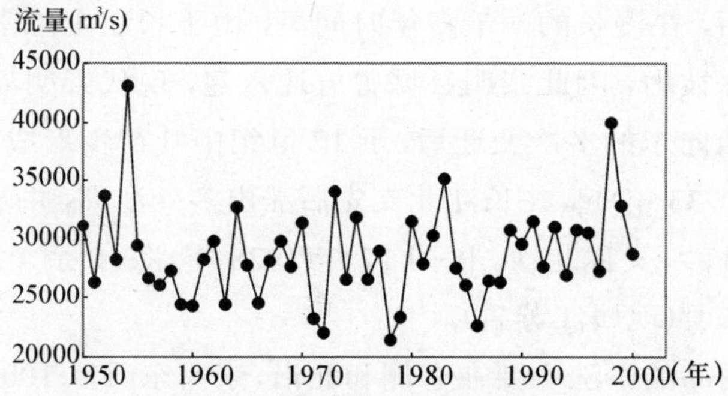

图 1-6 长江大通站年平均流量

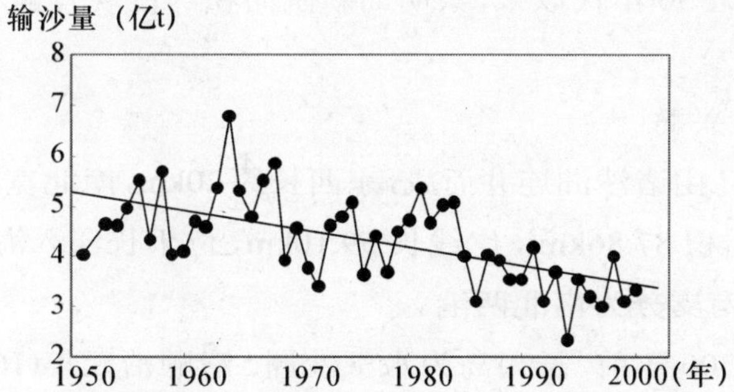

图 1-7 长江大通站年平均输沙量

7. 长江口有多少岛屿?

长江口沙洲众多,但长期出露水面、并建有堤防、且具有一定规模的岛屿共有3个,分别为崇明岛、长兴岛和横沙岛,它们是长江下泄泥沙在口门附近淤积形成的河口沙洲,后经不断淤积和人工圈围而露出水面成为河口沙岛。

(1)崇明岛

崇明岛是我国第三大岛,是长江口最大的冲积沙洲,三面环江,东濒东海,形似春蚕,东西长76km,南北宽13～18km,面积1041.21km^2。崇明岛将长江下泄水流分为南、北两支。

崇明岛最早出露于唐武德年间(即618～626年),迄今已有1300多年历史。当时仅是江中的两个小沙洲,名东沙、西沙,面积十几平方公里。五代时曾在西沙设立崇明镇,崇明之名始于此。其后,在漫长的一千多年时间里,由于长江主泓南北摆荡,沙洲此涨彼坍,因此崇明县城曾五迁六建,现代崇明岛的轮廓,历经由西向东的多次变迁后,于17世纪中叶初步形成。清雍正十一年(1733年)起,在长江北支先后涨出多处沙洲,并连成一片,名崇明外沙,又称北沙。民国17年(1928年)将10余个沙洲划出另建启东县(现属江苏省)。

崇明岛的淤涨主要在东侧和北沿,崇明东滩以100～200m/a的速率向东淤涨。北沿向北淤涨的同时,对岸江苏一侧出现坍塌。20世纪50年代以来,崇明岛新围面积约占现有面积的三分之一。

(2)长兴岛

长兴岛由诸沙洲连并而成,东西长约20km,南北宽约14km,呈带状,面积87.86km^2,岸线长59.10km,位于长江入海口南支,并将长江南支分为南北两港。

距今700年前,长兴岛为水下沙洲。清顺治元年(1644年)鸭窝沙出露水面,清道光二十四年(1844年)鸭窝沙面积为2.2km^2,崇宝沙面积7.2km^2。清道光二十一年(1841年)开始在出露的沙洲上围垦筑圩。鸭窝沙经过百多年淤涨变迁，面积扩大到 14km²，成为长兴岛主体。崇宝沙位于鸭窝沙以西，到清咸丰十年(1860年)面积扩大到 13.7km²。清光绪六年(1880 年)崇宝沙分裂为 3 个小沙，即瑞丰沙、石头沙、小石头沙。小石头沙不久便坍入江中。清光绪二十年(1894 年)石头沙面积近 20km²，至公元 20 世纪初期，沙体不断缩小。清光绪三十二年(1906 年)圆圆沙面积 1.4km²，它位于鸭窝沙东南 5km 处，由于受潮流影响，沙体先向西北方向移动，靠近鸭窝沙，后又向东南方向移动，远离鸭窝沙。到公元 20 世纪中叶，沙洲面积扩大到 14km²。中华民国 8 年(1919 年)金带沙面积为 5km²，位于鸭窝沙之东，后扩大到 7.5km²。中华民国 10 年(1921 年)潘家沙面积 9km²，位于石头沙东、鸭窝沙西北、冲坍明显，到 1950 年面积缩小到 5 ～ 6km²。

长兴诸沙经过两百多年的冲淤变迁、围垦筑堤，形成了石头沙、瑞丰沙、潘家沙、鸭窝沙、金带沙、圆圆沙 6 个沙体。这 6 个沙体于 20 世纪 60 ～ 70 年代初经人工堵汊，连成一体，形成今日长兴岛。

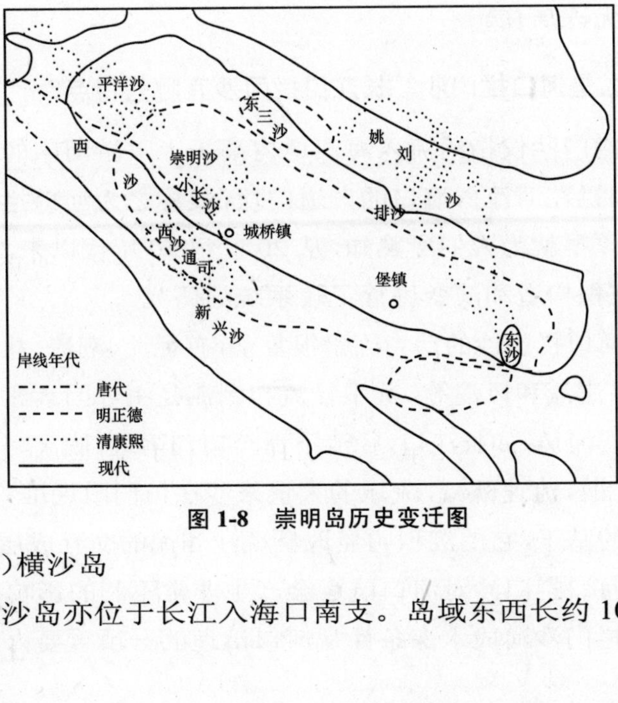

图 1-8　崇明岛历史变迁图

(3)横沙岛

横沙岛亦位于长江入海口南支。岛域东西长约 10km，南北宽约 15km，面积 45.92km²，岸线长 30.25km。

700 年前的横沙岛，亦为水下沙洲，清道光二十二年（1842 年）开始出露水面。

出露水面的沙洲至清同治年间已有 185hm²（2783 亩），后继续增大。光绪初期整个沙洲呈椭圆形。由于横沙位于长江河口，在长江口外强潮流作用下，沙体东南冲坍，西北淤涨，渐渐向长江口内移动。光绪六年（1880 年）横沙沙体的一半离开了原来的位置，面积增加了 3 倍，呈椭圆形。清光绪年间，沙体仍不断向西北扩展，逐渐发展成为东西长 5km，南北宽 7.5km 的一个大沙体。清光绪三十一年（1905 年）沙体东南部又大坍，西北继续淤涨，在 1869 ～ 1958 年近百年中，整个横沙向西北迁移了 10km，并发展成为横沙岛。

九段沙是继崇明岛、长兴岛和横沙岛之后的长江口又一新生沙洲，它位于长江口南、北槽之间，-5m 等深线以上的沙体东西长约 50km，南北最宽处约 15km，0m 等深线以上沙体面积约 127km²，部分沙体顶标高已达+3m 以上并长期出露水面。目前九段沙尚无人居住。

8. 什么是河口拦门沙？长江口拦门沙有哪些特点？

河口拦门沙仅指河流入海汊道内高于上下游河床的地貌突出体，形如拦在河流入海口的一道门坎，故称之为河口拦门沙。拦门沙现象早就为人们所熟知，从 20 世纪 50 年代以来，已对它的成因、沉积构造和演变进行了较系统的研究。

塑造河口拦门沙的动力因素很复杂，有径流、潮流、盐水与淡水混合、沿岸流和风浪等，其中径流和潮流是主导因素。在径流作用较强的河口，如长江口，径流下泄至口门附近，脱离河岸的约束，水流扩散，流速骤减，流域的大量来沙在口门附近堆积，形成了拦门沙的基干，它的沉积明显地呈现沙和泥的交互成层构造。

长江河口拦门沙对河口航运会产生非常不利的影响，因此，如何改善拦门沙河段水深条件是河口治理的一项重要内容。长江口拦门沙滩顶水深一般在6m左右，这样的自然水深在世界拦门沙中还是比较优良的，但长江口的拦门沙存在滩长、坡缓、变化复杂的特点。如以水深不足10m划定河口拦门沙的范围，长江口北港拦门沙纵向长度有40～50km，南北槽的拦门沙纵向长度有60～80km。拦门沙向海一侧的坡度一般在0.3‰～0.7‰之间。长江口拦门沙还存在洪季淤积、枯季冲刷的特点。

9.什么是河口最大浑浊带？长江口最大浑浊带有哪些特征？

入海河口都会出现一个水体含沙量明显高于上、下游的河段，该河段通常称为河口最大浑浊带。最大浑浊带广泛存在于潮汐河口，在全球无论高纬或低纬地区，各种气候类型和潮汐条件下的河口均有发现。关于最大浑浊带成因，一般认为是与河口环流、潮流变形引起的输沙作用、底沙再悬浮以及盐淡水混合处的泥沙絮凝等作用有关。最大浑浊带对河口细颗粒泥沙的聚集和迁移、河槽和浅滩的发育演变起着十分重要的作用，对河口重金属元素和有机物的化学行为、迁移和归宿产生显著影响。在浑浊带内由于水体透光性差，生物活动性也受到影响。

长江口最大浑浊带（详见图1-9）的纵向延伸范围为25～46km，含沙浓度在表层变化为0.1～0.7kg/m^3，底层变化为1～8kg/m^3。它的核心部分，近底层含沙浓度很高时往往出现浮泥层。长江口最大浑浊带有以下特征：

（1）洪季最大浑浊带的发育比枯季好。洪季，上游来水剧增，落潮流势力增强，盐淡水交汇地带和涨落潮优势流转换地带下移，洪季又是流域集中输沙时期，因而洪季最大浑浊带呈现含沙浓度高，纵向范围大，核心下移的特点。洪季最大浑浊带核心位置比枯季约下移10km。

（2）大潮时最大浑浊带的含沙浓度成倍增加，纵向范围向上下游延伸，垂向上从下层向上层扩展，垂向含沙量梯度减小。小潮时高含沙量仅见于底层，在洪季小潮时，床底往往伴生浮泥层，在同一径流量条件下，由于小潮时混合强度相对较弱，盐度垂向分层较好，底层盐水入侵距离有所增大，因此最大浑浊带的核心偏向上游。

（3）潮周期变化：河口水体中的含沙量随潮汐的涨落交替在一个潮周期中有两次周期性的变化，即涨潮期始涨—涨急—涨憩含沙量出现低—高—低的周期变化；落潮期始落—落急—落憩含沙量出现低—高—低的周期变化。两次峰值发生在涨、落急稍后的时刻，是由于大流速促使河床上的泥沙两次再悬浮所造成的。在憩流期，底层含沙量稍高，由于泥沙沉降所致，属沉降沙峰。长江口最大浑浊带的悬沙在一个潮周期中，由于泥沙再悬浮的特殊性，视水文泥沙条件的不同，可能出现 2 个周期、3 个周期或 4 个周期的变化。

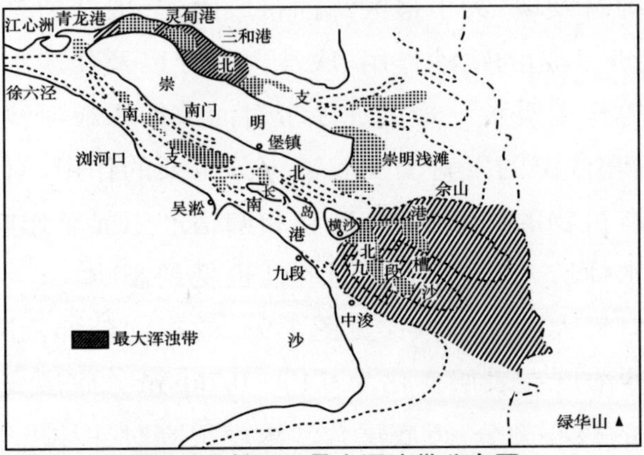

图 1-9　长江口最大浑浊带分布图

10. 长江口咸潮入侵有何特点？

长江口的咸潮入侵主要与径流量大小和潮流强弱有关，由于各汊道的径流分配不均以及径流、潮流的变幅都较大，故长江口区的盐度存在复杂的时空变化。

长江口盐度随时间的变化规律为：①盐度日变化过程与潮位过程线基本相似，在一天中出现两高两低，且具有明显的日不等现象；②长江口在半月中有一次大潮和一次小潮，日平均盐度在半月中也有一次高值和一次低值。潮差对盐度影响的大小与上游来水量多少有关，当大通站月平均流量在 2. 5 万 m^3/s ～ 3 万

m^3/s 以上时，潮差对吴淞口上游河段的影响甚微；③长江径流有明显的季节变化，长江口盐度也有相应的季节变化。6 ～ 10 月为低盐期，12 ～ 4 月为高盐期；④长江口盐度的年际变化与大通站年平均流量有良好的对应关系，丰水年盐度低，枯水年盐度高。

长江口盐度随空间的变化规律为：①长江口盐度一般是由上游向下游逐渐递增，过口门后急剧增加。当北支咸潮倒灌南支时，出现七丫口附近的盐度比上下游河段都高的现象；②长江口各汊道盐度的高低主要受径流分配的影响。径流分流量大，盐度就低，反之则高。在复式河槽中，同一断面上涨潮槽的盐度比落潮槽高。在同一河槽中，始涨时岸边盐度比中泓高，涨急和涨憩时中泓盐度比岸边高，落急时又是岸边比中泓高。③由于科氏力的作用，通常河道北岸的盐度比南岸高。盐度垂向分布主要取决于盐水和淡水的混合类型，在盐淡水强混合河段，表底层盐度相差不大，在盐淡水缓混合和弱混合河段，表层盐度小于底层。

长江口咸潮入侵的途径（详见图 1-10），除外海咸潮自口外向口内直接入侵以外，还存在北支咸潮倒灌南支的现象（图 1-9）。由于北支分流量不足 5%，涨潮流居显著优势，枯水大潮期，北支咸潮会自下口上溯至上口，并倒灌进入南支，给南支淡水资源开发利用带来不利影响。

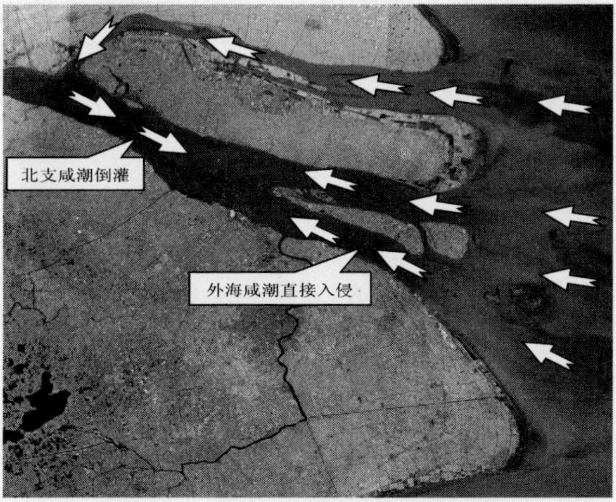

图 1-10　长江口咸潮入侵途径示意图

11. 长江三角洲地区社会经济概况

长江三角洲地区（以下简称“长三角地区”）包括上海市，江苏省的南京、苏州、无锡、常州、扬州、镇江、南通、泰州市，浙江省的杭州、宁波、嘉兴、湖州、绍兴、舟山、台州市，共16个市，国土面积11.0万km^2，主要涉及太湖流域、沿江及河口地区、淮河下游地区和浙江东部四大区域。

长三角地区面积占全国的1.1%，2005年底常住总人口9698.7万人，占全国6.3%，地区生产总值33896.7亿元，占全国的18.6%，人均GDP超过4400美元。其中太湖流域人均GDP已接近6000美元，全流域财政收入6609.1亿元，约占全国的22.1%，是我国经济社会最发达、人口和产业最密集、发展最具活力的地区之一，正在成长为具有重要国际影响的世界级城市群，在我国经济社会发展中具有举足轻重的地位。

长江口地区包括上海市、江苏省南通市和苏州市，土地面积22830km^2，共有人口2684万，国内生产总值约占全国的7.64%，人均国内生产总值约为全国平均水平的3.6倍，与世界中等收入国家水平相当。

长江三角洲地区是长江流域和我国的精华地区，经济总量大，区位优势明显，对长江流域乃至全国的经济推动作用明显，发展潜力巨大。

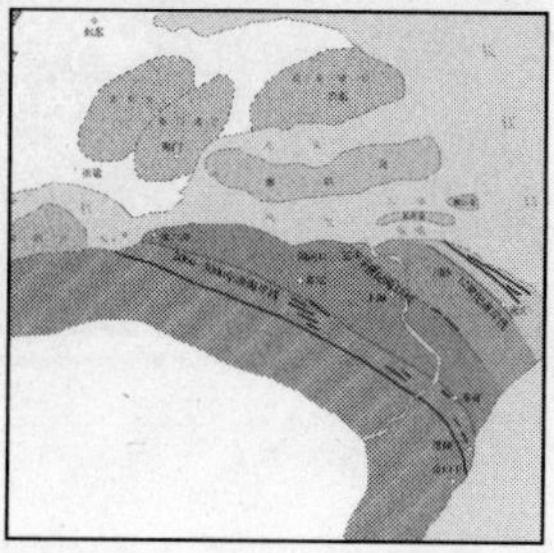

二、长江口的形成与变迁

（专家：徐建益）

徐建益，男，江苏南通人。1984 年毕业于武汉水利电力学院河口海岸动力学专业，获硕士学位。现任长江勘测规划设计研究院副总工程师，上海分院院长。长期从事长江口的开发整治规划研究工作。是《长江口综合开发整治规划要点报告（1997 年版本）》和《长江口综合整治开发规划要点报告（2004 年修订）》主要技术负责人。曾先后获得水利部水规总院科技进步一等奖，水利部长江水利委员会年度科学技术进步一等奖，上海市科学进步一等奖。

参加国家“八五”重点科技攻关项目“长江产业带的建设与发展研究”。1997 年受到国家计委、国家科委、财政部的国家“八五”重大科技攻关成果表彰。

作者在国内外发表多篇关于长江口整治开发规划的专题论著，被水利部水利水电规划设计总院授予“全国水利勘测设计行业优秀中青年技术人员”称号。

12. 长江口的历史演变过程是怎样的?

长江河口段,江流浩荡,而河床比降平缓,流速较小,加上受海潮顶托影响,长江从上游挟带来的大量泥沙在河口附近形成沙洲和沙坝,在两岸形成沙嘴。

河口沙洲的出现,使河道分汊,受地转偏向力的影响,长江主流往右偏移,使河口的南汊道刷深,扩宽,呈发展趋势,北汊道则日渐淤浅,束窄,呈衰退趋势。当南汊道成为长江径流主要通道后,新的沙洲、沙坝发育,使河道再次分汊,继续向东南偏移。随着河口汊道的发展演变,河口三角洲便不断向海延伸。

影响长江口河道演变的因素十分复杂,除上述受地球自转影响主流右偏外,径流、海潮、泥沙的相互作用,及由此引起的局部河床冲淤变化等,均会导致长江口河道的演变。

历史上,长江河口段的演变还是较为频繁的。五六千年前长江河口在镇江、扬州一带,潮区界则远及九江。其时海湾北岸沙嘴由今江都向东北伸展至海安李堡附近,与岸外沙堤相合,形成里下河洼区;南岸沙嘴系自江阴以下,沿着常熟的福山、梅李、支塘、太仓、嘉定的外岗、黄渡、青浦的盘龙镇、松江的漕泾一线,向东南入海,至杭州湾中的大金山、王盘山以后,由于受到杭州湾的强潮作用和东南季风的影响,产生向西的泥沙流,迫使沙嘴折而向西,形成反曲现象,并与正在发展中的钱塘江口北岸沙嘴相连接。

由于泥沙逐渐在河口沉积。长江口南岸沙嘴,开始向东推进。至唐代,长江口已推至今宝山、吴淞附近,今上海市区除杨树浦东端和复兴岛那一部分外,都已经成陆。宋代海岸又向东有了大幅度的增长,达川沙、南汇一线。宋代以后的江岸,向东伸展的速度不大。这是因为 14 ～ 18 世纪,长江主泓在崇明岛以北的北支入海,长江口南岸因泥沙不足,外涨趋势缓慢。

长江北岸江口段及位于江口的崇明岛,在历史时期也经历了重大的变迁。这一变迁与长江主泓道的南北游动有着密切的关系。在通常情况下,主泓道所经的江岸及岛岸,一侧受江流和潮汐的影响较大，容易发生崩坍；另一侧由于水流较平稳，泥沙容易淤积，岸线向外延伸。历年来，长江的主泓是不固定的，长江口岸段与崇明岛也就相应地发生着变化（详见图 2-1）。

据历史记载，早在 7 世纪时，今崇明岛以西有两个十几平方千米的小沙洲，名为西沙和东沙。五代时，吴越王在西沙设崇明镇，崇明这个名称即由此而来。

在其后的漫长岁月中，崇明暗沙此消彼长，直至 14 ～ 18 世纪，随着泥沙的大量沉积，各沙洲逐渐相互连接，明末清初，已是“南北长百四十余里，其东西阔四十余里”。

18 世纪中叶以后，长江主流重入南泓道，北面江岸沙洲大涨，今日启东县即淤垫于此时。而在潮流作用下，崇明岛向西北方向伸展，1954 年，崇明岛面积仅有 600 多 km^2，在 80 年代已达 1083km^2。目前它仍在向海门、启东靠拢中，最窄处只有 1.5km 左右，江底堆积的沙洲也不断增高，已有部分露出水面，其北岸大有与苏北陆地相连的趋势。至于崇明岛的南岸，两百年来则处于不断的崩坍中。新中国成立以来，由于修筑了 200 多 km 的环岛大堤与一千多条丁字坝，才使南岸的崩坍基本上得到了控制。

由于 18 世纪后，长江南汊发育迅速，泥沙淤积形成了中央沙、长兴岛和横沙岛，它们把南支分隔成南港和北港两个汊道。随后，南港汊道淤积形成九段沙，又把南港分隔为南槽和北槽。其中，南槽原为长江主泓道，之后又发生变化，南槽淤积增加，水深变浅，北槽出现刷深趋势，长江主泓已逐渐转向北槽。

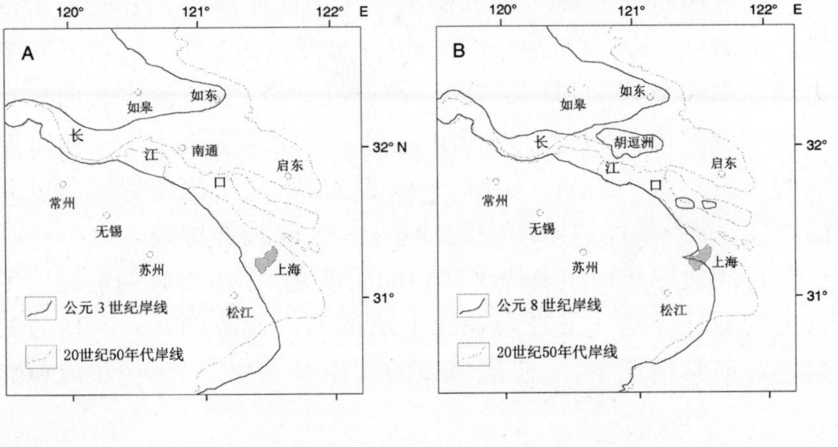

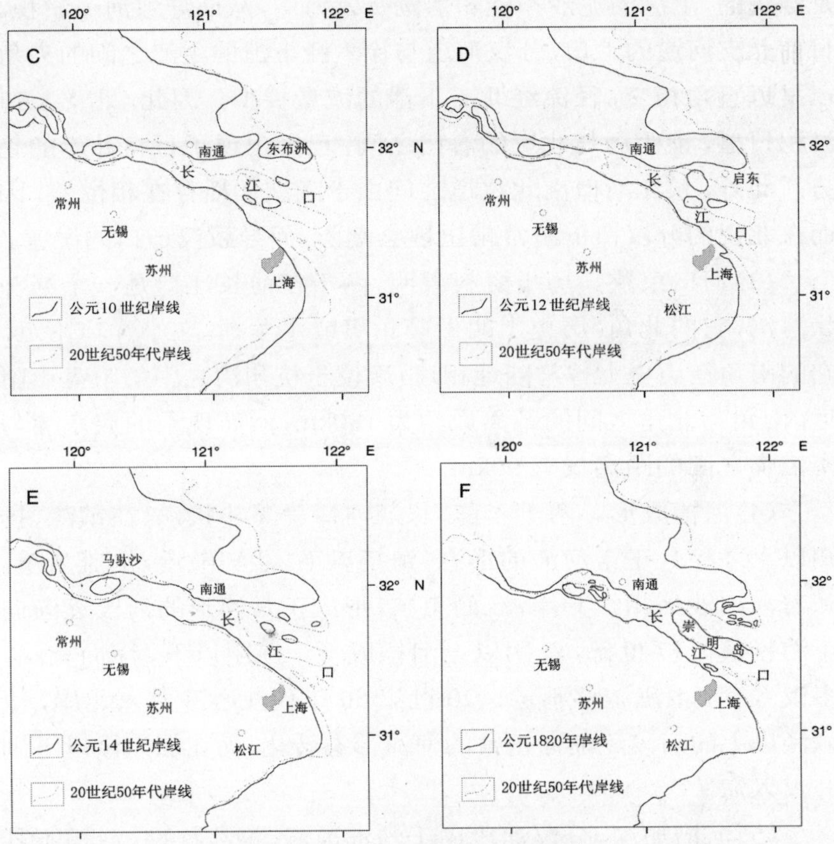

图 2-1　长江口历史时期岸线图

13. 两千年来长江口的发育模式是怎样的？

长江口两千年来的发育模式可以概括为：南岸边滩推展、北岸沙岛并岸、河口束狭、河道成形、河槽加深等 5 个方面（详见图 2-2）。

（1）南岸边滩推展。长江河口涨落潮流流路分异的现象非常明显。落潮流在科氏力作用下，导致落潮槽不断南偏。径流挟带的泥沙随落潮流入海，在扩散过程中也呈向南偏转的趋向，因此，长江口的南边滩便成为泥沙沉降的一个重要场所。历史时期长江口南岸边滩逐渐外伸，使陆地逐渐向外推展，一道道海堤也随着边滩伸展而不断修筑。

（2）北岸沙岛并岸。北支是涨潮优势的河道，其泥沙搬运也是净进的。上溯的泥沙不能随落潮带入海中，从而导致河道淤积。目前北支河道的上口，分汊河道与徐六泾下泄的主泓之间的夹角已呈近直角相交，径流经北支下泄的流量极少。因此，北支上口淤积日盛，崇明岛与北岸的海门之间，已经出现了行将并岸的趋势。此外，长江河口南北汊道之间由于潮波传播存在相位差，因而在北汊的分汊口下游常常出现会潮点，而导致汊道口的淤塞。

(3)河口束狭。历史资料表明，两千年前长江口是一个漏斗状海湾，它的北角，历史上叫做廖角嘴或牛角梢，在小洋口附近。它的南角在历史上曾与陆地相连，现位于杭州湾之中的王盘山附近。南角与北角之间的距离原约为 180km，然而现在的启东嘴与南汇嘴之间的距离仅有 90km。

(4)河槽成形。两千年前，长江河口呈漏斗状，只在镇江、扬州以上才稍具正常河流的形态。镇扬以下，沙洲散漫，水流多汊。随着河口沙岛相继并岸，江面束狭，形成正常河形的河段逐渐向下游推移。17 世纪，江阴以上河槽成形。江阴以下，江面宽阔，多汊并存，主泓游移不定。20 世纪 50 年代江心沙并入北岸，徐六泾以上的河段逐渐向正常的河流形态转化，而在徐六泾以下则分汊入海。

(5)河槽加深。分汊河段由于沙洲散漫，槽线摆荡，河槽不甚稳定。至于成形的河流河段，除江心洲汊河外，由于江面束狭，水流归槽，涨落潮流路分歧现象不明显，基本上呈现单一河槽形态。正是由于这一缘故，河槽的平均水深较大。

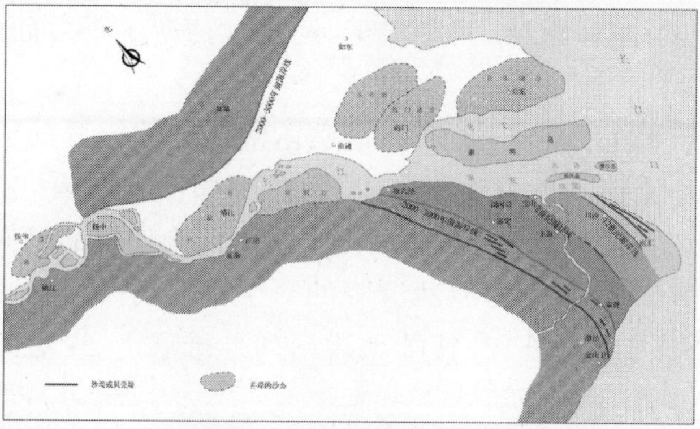

图 2-2　长江口历史变迁图

14. 长江口三级分汊、四口入海的河势格局是如何形成的？

（1）南北支的形成

长江河口历史上曾经是喇叭形的海湾，自崇明岛形成以后，始分为南北两支。

崇明岛始现于公元 7 世纪，前后历经 10 个世纪的变迁，于 1670 年前后才成为单一的大岛屿。据史书记载，公元 618 ～ 626 年，狼山东南海中形成了西沙和东沙，至公元 1100 年，两沙还并存于海中，此即崇明岛前身。公元 1025 年，西沙西北继续淤涨出姚刘沙。公元 1101 年，在西沙东北又淤涨出崇明沙，同时东、西两沙相继被水流冲散。1222 年，崇明沙设盐场，1277 年，升场为州，至明代，改州为县。由于崇明沙南缘持续崩退，在 1352 ～ 1583 年两百余年的时间内，崇明县城 5 次搬迁，最后于 1583 年迁至长沙。明末清初，长沙继续淤涨，兼并响沙、吴家沙及附近的一些小沙，逐渐演变为大岛。至 17 世纪中叶，崇明岛成形，长江口南、北支正式形成。

（2）南北港分汊格局的形成

14 ～ 18 世纪，长江主泓一直走北支。18 世纪初，长江主泓改走南支后，南支仍然是一条单一河道，北港当时还是一条涨潮槽，未与南支主槽的－ 5 m 线贯通，南支主槽偏于南侧。此后，南支不仅成为长江泥沙的主要出海通道，同时也成为泥沙的重要淤积区域，上游水流挟带的大量泥沙在南、北港涨落潮流分离区落淤，南支吴淞口以下形成崇宝沙、石头沙、鸭窝沙、园园沙、潘家沙、金带沙、横沙（又名开沙）、铜沙浅滩等众多水下暗沙。这些沙洲形成和露出水面的年代不一，在河口区复杂水流动力条件的作用下，冲淤变化频繁，位置游离不定，沙体切割、淤连现象时有发生，但总体趋势表现为沙洲逐渐淤高，沙体面积扩大。

1842 年时，长江口南港为入海主汊，南港顺直宽深，是上海港的开港航道，北港水道弯曲，上有堡镇沙浅段，下有拦门沙浅滩。经过 1849 年、1860 年、1870 年洪水的作用，长江主流经白茆沙北水道，顶冲浏河口一带，并折向东北，将北港上口冲开，形成老崇明水道，使北港与南支主槽贯通，成为一条独立的入海通道，北港也于1870年开辟为上海港的主航道。1880～1900年，横沙岛筑圩成陆。20世纪60～70年代，鸭窝沙、潘家沙、金带沙、圆圆沙等6个沙岛经人工连围形成长兴岛。至此，南北港通道有了固定的边界，形成长江口的第二级分汊和南北港的现有分汊格局。

(3)南北槽分汊格局的形成

1900年以前，南港下段出口，在鸭窝沙下游圆圆沙处伸出一条长长的沙带，称为中沙。在沙带以南为落潮流为主的落潮沟，沙带以北为一断头的涨潮沟，涨落潮流路显著分离，中沙的滩面不断淤高下伸。1927年前后，由于上游白茆沙北水道萎缩，中水道发展，直接顶冲切割扁担沙，大量泥沙被推向北港上口，迫使南港落潮量增加，南港落潮流在九段沙附近切割中沙腰部，-5m线逐渐向横沙东滩纵深发展。1954年，长江特大洪水使-5m线与北槽沟通，被切割下来的中沙下段与横沙东滩尾部相连形成当今的九段沙。至此，北槽与南港相通，南北槽分汊的河势基本形成。

纵观长江口的历史变迁过程，长江口目前三级分汊、四口入海总体河势格局的形成大致可分为以下几个时期：①长江口一级分汊、南北支二口入海的河势格局于公元12世纪形成雏形，于17世纪中叶正式成形。②18世纪初长江主泓改走南支后，南支河道淤积加速。19世纪40年代前后，铜沙浅滩及其以上的水下暗沙形成，其北侧发展为涨潮槽，即北港的雏形；19世纪60～70年代，长江连续发生特大洪水，北港上口冲开，长江口二级分汊，北支、北港、南港三口入海的河势格局基本形成。随着1880～1900年横沙岛筑圩成陆，以及20世纪60～70年代南、北港之间的6个沙岛连围形成长兴岛后，现代南、北港的分汊格局正式形成。③19世纪60～70年代，北港形成后为长江主泓。南港河槽处于淤积期，径流作用减弱，潮流作用增强，在横沙岛以东形成宽阔的涨潮槽，铜沙浅滩被切割成马蹄形，北侧成为横沙东滩和横沙浅滩发育的基础，南侧成为九段沙浅滩的的基础，而该涨潮沟即为北槽的雏形。1931 年、1935 年的长江洪水过程，使南港发展成为南支主泓。九段沙沙体发育完整，其后北槽已开始发育，上段以落潮槽形式下伸；下段以涨潮槽形式上溯，过横沙东滩与北港连通。1949 年、1954 年大洪水过后北槽上口冲开，与南港 - 5m 槽相通，南、北槽分汊格局正式形成。

15. 长江口南支河势演变的基本特征

(1)南支上段

南支上段(又称白茆沙河段)上承南通河段，下接南支下段，从徐六泾至七丫口全长 35km，为一藕节状河段。

一百多年来的资料表明，南支上段的河势直接受到上游南通河段主流摆动的影响，在徐六泾节点形成前后，南支上段的河势演变趋势发生了根本性的变化。

徐六泾节点形成前的河势：1958 年以前，徐六泾断面宽达 13km，主流的平面摆幅达到 6.2km。上游主流的摆动导致白茆沙南北水道的交替兴衰，从 1861 ～ 1958 年，主流在白茆沙南北水道间四次交替变迁(详见表 2-1)，不仅直接影响了进入南支下段长江主流的稳定，而且白茆沙体被冲刷的大量泥沙向下输移，引起南支下段河槽发生骤淤。

徐六泾节点形成后的河势：1958 年，通海沙和江心沙围垦并岸，徐六泾河段束窄至 5.7km，形成徐六泾节点。徐六泾节点形成后，对维护南支河段的河势稳定起了积极的作用，主要表现在：

①1958 年通州沙东水道切割横港沙形成狼山沙，长江主流在龙爪岩处被挑向狼山沙，使该沙体迅速下移，从 1960 年到 1994 年，沙头下移 9.4km，抵达徐六泾附近，由于徐六泾节点的遏制作用，使该沙体始终停留在浒浦以上，不得整体下移。

②徐六泾节点形成后，南支上段成为藕节状河段，减小了白茆沙体发育的空间，使沙体形态缩小。据 1861~1994 年资料分析，徐六泾节点形成后，白茆沙体- 5m 以上面积最大为 26.6km^2，仅为节点形成前的 30%左右。

表 2-1 如皋沙群汊道段、通州沙水道、白茆沙河段相互影响关系

变化时期	如皋沙群汊道段	通州沙水道	白茆沙河段
1861～1900	主流走海北港沙北水道。	由通州沙东水道逐步转为通州沙西水道。	由白茆沙北水道逐步转为白茆沙南水道。
1900～1921	主流从海北港沙北水道过渡到南水道。	由通州沙西水道逐步转通州沙东水道	由白茆沙南水道逐步转为白茆沙中水道，水流切断白茆沙尾形成浏河沙。
1921～1941	海北港沙南水道发展，南北水道汇流后顶冲左岸段山沙，切割沙体形成横港沙。	由于南水道不断向北弯曲，导致横港沙向南淤涨，沙体挤压水流使通州沙水道主流又从东水道逐步转为通州沙西水道。	由白茆沙中水道逐步转为白茆沙南水道，中水道以北的白茆沙并岸。
1941～1958	海北港沙北水道淤塞并岸，又来沙形成，主流从又来沙北水道逐渐向南水道过渡，1948年南水道发展为主汊。	由通州沙西水道逐步转为通州沙东水道。	有转为北水道的迹象，但仍为南水道。

③历史上白茆沙中水道得以形成主要是由于上游河势的变化，导致长江主流直接顶冲切割白茆沙体而形成中水道。每次长江主流的摆动，均导致白茆沙体经历一个产生、发展、下移、冲散、北靠的过程，对河势带来极大的影响。徐六泾节点形成后，出徐六泾后长江主流的平面摆幅大大减小，最大摆幅为 1.4km 左右，上游主流摆动对下游河势的影响受到约束。

④1974 年以来，上游狼山沙西水道下段弯曲，逐渐衰退，狼山沙东水道得到发展，至 1980 年长江主槽进入狼山沙东水道，东水道逐渐成为主流通道。

在狼山沙东水道不断发展的过程中，其-10m 深槽走向逐渐由原先的正南方向转向东南方向发展，逆时针旋转了 45°左右。与此相应，狼山沙东、西水道的汇流点逐渐由野猫口附近下移至徐六泾的附近，导致出徐六泾节点的长江主流对白茆沙北水道弯

道顶冲点的位置逐步下移，1980 年至 1984 年期间，顶冲点由原在立新闸附近下移至北支口附近，使得进入北水道的水流动力作用增强，将 70 年代因北支倒灌所产生的舌状堆积体冲刷殆尽。1984 ～ 1994 年，顶冲点的位置继续下移至崇头、新建附近，至 1990 年白茆沙北水道-10m 深槽全线贯通

1990 年白茆沙北水道贯通后，过流能力增强，使得白茆沙滩面上由北向南的漫滩流大幅度减小，白茆沙体逐渐淤高扩大。1992 年，白茆沙南水道上口-10m 槽贯通，从而形成白茆沙南、北水道-10m 槽均畅通的优良河势。

综上所述，徐六泾节点形成后起了很好的河势控制作用。但必须指出，由于徐六泾河段仅东方红农场一处束窄至 5.7km，以下仍为广阔的河面和暗沙，且河段仅南岸护岸较好，北岸自东方红农场 10 号丁坝以下未加保护。因此，徐六泾节点虽起到一定程度的束流作用，但上游主流的摆动仍可导致白茆沙南、北水道的交替变动，只是河势调整的幅度有所减小。

(2)南支下段

南支下段上承南支上段，下接南北港汊道，从七丫口至吴淞口全长 34km。该河段河道宽阔，是长江口放宽率较大的河段。其中七丫口处江面宽 9km，浏河口处宽 14km，吴淞口处宽 17km。

该河段的水沙基本特征主要表现为：

①河道广阔，水流出七丫口后，河面逐渐放宽，从七丫口至浏河口放宽率为 0.43，从浏河口至吴淞口放宽率为 0.13，由于河道放宽，流速减小，泥沙沉积形成边滩和暗沙，这是造成该河段暗沙众多的基本原因。

②涨落潮流路不一致，在科氏力作用下，沿南、北两岸潮波传播存在相位差，大潮时两岸瞬时潮位差约 8cm 左右，涨潮期北岸高于南岸，落潮时则相反。由此产生横向的漫滩流，涨潮期横向流速向南，大潮时最大达 0.26m/s；落潮时横向流速向北，大潮时最大可达 0.75m/s。在涨落潮流路分离处，泥沙易于落淤形成暗

沙，但由于横向漫滩流的存在，这些暗沙的滩面总是难以淤高成陆。并且当汊道容积与分流量不相适应时往往通过横向滩面流切滩产生新汊，进行流量平衡分配，引起滩槽的变迁。

③底沙粒径细易冲刷，根据实测资料分析，南支河段的河床质d50在涨、落急时约为0.047mm，在憩流时为0.028mm，平均情况下约为0.037mm。由于底沙较细，启动流速较小，深槽部位的底沙启动流速约为0.53m/s，而浅滩及边滩处的仅有0.3m/s，南支下段的涨、落潮流速一般均可大于0.6m/s，因此河段中的沙体在涨落潮流的强劲作用下暗沙频繁迁移，使得该河段成为长江口河势变化最为活跃的地区。

南支下段是以落潮流为优势流的河段，本河段汊道多，暗沙罗列，主要有扁担沙、浏河沙及中央沙。河道南侧为新宝山水道落潮槽，北侧为新桥水道涨潮槽，中间为南沙头通道及分别通往南、北港的南沙头通道下段和新桥通道。

南支下段河势演变的基本特征是由该河段的水沙特性所决定的。由于南支下段河道宽浅，涨落潮流分离，底沙细易启动，因此由南支下段通往南、北港的通道极不稳定，具有此消彼长的演变规律，通过河床的自动调节，主流具有周期性的变化规律，其主流摆动周期约12年左右。如1958～1971年长江主流走南港，1971～1983年主流走北港，1984年后主流又转向南港，1993年通往北港的-10m线贯通，至1996年通往南港的南沙头通道下段-5m中断，主流又改走北港。

由于导致南支下段滩槽冲淤的直接原因是底沙的输移，而底沙的输移主要沿主流运动的方向，因而当主流摆向哪一汊，底沙也大多进入那一汊并逐渐形成淤积；而另一汊由于输入的底沙少，所以逐步产生冲刷。经过一段时间的河床自动调整，两个汊道的河床断面、河底坡降、糙率、水深等水沙因素都会发生变化，主流一汊由于河床淤积，过水能力不能满足输水要求，于是主流又逐渐摆向另一汊，如此周而复始形成周期性的变化。但南、北港分流比的变幅很小，一般不超过 8%，正常情况下，在主流的这种自动调整过程中一般不会产生河势动乱。

导致河势发生大幅度调整的主要有以下两种情况：

①由于上游的河势变化，大量底沙下泄，导致南北港分流通道的上口被堵塞，此时主流将在分流口附近另辟新的下泄通道。1958 年新崇明水道的形成即属于这种情况。

②南北港分流通道在下移的过程中，由于分流汊道逐渐偏转，与主流的交角不断增大，阻力增加，最终因水流不畅而逐渐淤塞萎缩，此时在老的分流通道上游就会切滩产生新的分流通道。中央沙北水道、南门通道、新桥通道的形成均属于这类情况。1996 年，通往南港的南沙头通道下段-5m 中断，水流在上游的浏河沙体上切滩，产生新的通往南港的过水通道，至 2000 年-10m 已经贯通，也是属于这种情况。

与此相应，南北港的分流口的位置在浏河口与吴淞口之间约 23km 范围内上、下移动，从 1842 年至今，由于水流切滩产生新的通南、北港的汊道共有 8 次，其中通北港 4 次，通南港 4 次（详见表 2-2 和表 2-3）。

表 2-2　　南、北港分流通道变化表

南北港通道	通道名称	产生时间	消亡时间
北港通道	老崇明水道	1917～1918	1926
	中央沙北水道	1920～1921	1981
	南门通道	1976	1981
	新桥通道	1982	
南港通道	新崇明水道	1958	1966
	新宝山水道	1963	
	南沙头通道下段	1979	
	新浏河沙串沟	1996	

南、北港分流口和分流通道的频繁变迁，不仅直接影响南支下段的河势稳定，同时分流口的下移及每一次新通道的产生，大量的切滩泥沙向下游南、北港搬移，对南北港河势稳定造成严重的影响。

表 2-3　　南、北港分流口的位置

通道＼年份	1860 年	1931 年	1981 年	2000 年
老崇明水道	浏河口 →	吴淞口 ↓		
中央沙北水道		浏河口 →	吴淞口 ↓	
新桥水道			浏河口 →	石洞口

1958 年生成新崇明水道和 1963 年生成新宝山水道，导致南支下段河势动乱，老浏河沙南压下移影响南支南岸一带航槽达 10 年之久，而大量底沙下泄入南港—南北槽，引起航槽骤淤。1958 年至 1972 年南港南北槽共淤积了约 3 亿 m^3 泥沙，使南港南槽航道恶化，严重碍航。

1976 年产生通北港的南门通道和 1982 年产生的新桥通道，不仅导致北港上口通道的平面形态和水深不稳定，同时暗沙与通道的重新排列，导致约有 2 亿 m^3 泥沙下泄入北港，严重影响了北港主槽的泄流能力。至 1982 年导致北港原-10m 主槽紧贴北侧的河势演变为上下两主槽交错的平面形态，交错处水深仅-6.5m，-10m 线中断了 4.5km，一直影响至今仍未得到恢复。

16. 长江口南北港及南北槽河势演变的基本特征

18 世纪初，长江南支转为长江主泓后，仍然是一条单一河道，北港当时还是一条涨潮槽，未与南支主槽的-5m 线贯通，南支主槽偏于南侧。

1860 年，南支上段主流走白茆沙北水道，过七丫口后沿浏河口—石洞口而下，折冲向北，将北港上口冲开，形成老崇明水道，使北港与南支主槽贯通，成为一条独立的入海通道。1880 ～ 1900 年，横沙岛筑圩成陆。20 世纪 60~70 年代，鸭窝沙、潘家沙、金瓜沙、圆圆沙经人工连围成陆形成长兴岛。至此，南北港通道有了固定的边界，形成长江口的第二级分汊。

南北港是长江口的第二级分汊河道，河势的变化主要受南北港上口分流通道及分流口河势变化的影响。

（1）南港

①复式河槽的形成。历史上南港是单一河槽，主槽紧靠南岸与南港南槽顺直相通。1958 年新崇明水道的形成，大量泥沙下泄入南港，堆积形成瑞丰沙带。1963 年新宝山水道形成，冲刷下泄的泥沙落淤于南港南槽上口，江亚边滩得以形成并不断淤长北偏，迫使南槽涨潮流与北槽的涨潮流汇合向南港上溯。因此，南港瑞丰沙体难以北靠与长兴岛连成一体，而形成中心沙带，从而南港逐步演变成北侧为涨潮槽、南侧为落潮槽的复式河槽，但南港主槽处于南侧的河势格局始终未变。

②江亚边滩发展为江亚心滩。1971 年后，瑞丰沙体的沙源主要来自中央沙沙头冲刷下泄的泥沙，底沙下泄使瑞丰沙尾进一步发展下延，迫使南港主槽的落潮流逐步南移，冲刷江亚边滩，形成南港—南深槽（江亚南槽）。至 1981 年，-5m 槽与南槽下段贯通，江亚边滩演变成江亚心滩。

③瑞丰沙嘴与江亚心滩间形成浅滩碍航段：该碍航段是瑞丰沙尾下移、江亚边滩（江亚心滩）上溯北淤的产物，是南港—江亚北槽航道（1984 年前）及南港—北槽航道（1984 年后）必经的碍航段。

目前南港主槽仍保持着紧贴南侧的复式河槽河势格局，南港主槽及圆圆沙航槽水深均在-10m 以上。但从长远而言，南港依然存在以下不稳定的影响因素。

①南支河段处于尚未治理的自然状态，上游河势的变化直接影响南港主槽水深的稳定。

②在南港落潮流优势流的作用下，瑞丰沙尾下移的趋势依然存在，但因长江口深水航道工程已进行了治理，江亚心滩头部已不再后退，当瑞丰沙尾下移到一定程度后，将会被北槽上口强劲的水流所打散，对圆圆沙航槽的影响程度将大大减小。

③南港主槽北侧为松散易冲的瑞丰沙体边界，一旦主流北偏，将导致水流偏离南岸，不利于南岸沿岸水深的稳定。

(2)北港

北港原为一条断头的涨潮槽，1860年北港上口被冲开形成老崇明水道后，北港得以形成独立的入海通道。北港呈微弯形的河槽平面形态，主槽紧贴北岸，在横向环流的作用下，泥沙在南岸落淤，在北港南侧为庞大松散易冲的青草沙体。历史上，当进入北港的主流轴线发生变化时都将会引起青草沙体的切割，导致北港河槽剧烈变化，主要表现在以下几个方面。

①北港上口通道难以成为稳定的航道。当北港上口通道处于新、老交替期，不仅平面形态难以稳定，而且上口通道水深较浅，成为通航航道的碍航段，如老崇明水道与中央沙北水道、中央沙北水道与新桥通道（南门通道）的交替期时，通道水深仅有-6m。反之，通道的平面形态及水深均较为稳定，如老崇明水道、中央沙北水道及新桥通道的稳定期时，通道水深基本上在-10m以上。

②北港主槽微弯形的优良河槽难以持续稳定。由于上口通道的变化，使得进入北港主槽水流平面形态发生变化，引起青草沙体的切割，导致北港微弯形的河槽遭到破坏，河槽水深淤浅。如1920~1958年，由于中央沙北水道的形成和发展，水流直接顶冲青草沙体，河槽逐步演变成复式河槽，航槽水深恶化；80年代初，由于中央沙北水道主流轴线的变化及崇明边滩的下移，青草沙体被切割，导致北港原-10m主槽紧贴北侧的河势演变为落潮槽偏南、涨潮槽偏北，上下两主槽交错的平面形态，交错处水深仅为-6.5m，-10m槽中断了约4km，至今这种河势尚未得到恢复。

③横沙东滩串沟的产生。横沙东滩串沟的产生与发展，是北港北侧团结沙淤长南压的结果。特别是1973年横沙东滩串沟的产生，导致了北槽下段航槽骤淤的严重后果。

(3)南北槽

1900年以前，南港下段出口，在鸭窝沙下游圆圆沙处伸出一条长长的沙带，称为中沙。在沙带以南为落潮流为主的落潮沟，沙带以北为一断头的涨潮沟，涨落潮流路显著分离，中沙的滩面不断淤高下伸。1927年前后，由于上游白茆沙北水道萎缩，中水道发展，直接顶冲切割扁担沙，大量泥沙被推向北港上口，迫使南港落潮量增加，南港落潮流在九段沙附近切割中沙腰部，-5m线逐渐向横沙东滩纵深发展。1954年，长江特大洪水使-5m线与北槽沟通，被切割下来的中沙下段与横沙东滩尾部相连形成当今的九段沙。至此，北槽与南港相通，南北槽分汊的河势基本形成。南北槽的上段为落潮槽，河槽形态为上游深下游浅，下段为涨潮槽，河槽形态是下游深上游浅，在涨落潮槽交叉处为浅滩。

在近百年间，长江口通海航道多次产生变迁。18世纪前，长江北支为主泓，入海航道走北支；18世纪初，长江主泓逐步转入南支，入海航道随之由北支改走南支；在北港形成（1860年）后到1927年间，北港曾作为入海主航道，其余均走南港。1984年前航道走南港—南槽，1984年后改走南港—北槽。

南槽河势基本特征：

1954年前，南槽上口段水深均在-10m以上，等深线与河槽基本平行，南岸无边滩存在。但自1958年南支下段河势动乱后，大量底沙下泄南港，首先影响南港，随后波及南北槽，导致南槽上口段恶化，形成江亚边滩碍航段。1973年后，南港主槽逐步下延并南移，切割江亚边滩，江亚边滩逐步向心滩演变，在其北侧为江亚北槽，在南侧形成新的南深槽（江亚南槽），南槽上口由单汊分流变为两汊分流。随后，江亚北槽淤浅萎缩，-5m槽中断，江亚心滩并靠九段沙，南槽上口又变为江亚南槽单一分汊的平面形态。由于九段沙持续南压，威胁南槽航槽，至1983年，台风导致南槽下段骤淤，通海航道不得不于1984年转到南港北槽。

由于南支下段在产生新的通道时，下泄的大量底沙主要进入南槽，不仅引起南槽上口平面形态的改变，这种变化相应地改变南北槽分流分沙比，自北槽形成发展以来，北槽的分流分沙比逐年增加，南槽逐年减少，南槽的涨潮分配比从20世纪60年代初至90年代基本上保持在60%~70%，但落潮分配比从60年代初的70%递减至90年代的50%左右，且分沙比大于分流比，特别是自70年代后期至今，南槽的水沙向北槽倒灌，而且呈现出累积性淤积。由此可见，南槽已演变为分泄泥沙的储沙通道。

北槽河势基本特征：

北槽在平面上呈微弯形河道，南侧为九段沙，北侧为横沙东滩，河槽无固定边界。根据河槽的动力性质，北槽上段是以落潮流为主的落潮槽，受上游河势及横沙东滩漫滩流变化影响较大；下段是以涨潮流为主的涨潮槽，受横沙东滩串沟落潮流和河口涨潮流制约。

自20世纪50年代北槽形成以来，北槽一直处于发展之中，到1984年后一直是长江口的通海航道。历年实测的资料表明，北槽的分流比逐年增加，从60年代初的30%递增至90年代的50%左右，且分流比一直大于分沙比。历史上，虽然南支下段下泄的底沙、瑞丰沙尾切割的泥沙也曾引起北槽航槽的淤浅，横沙东滩串沟冲刷下泄的泥沙，甚至导致北槽产生过骤淤的现象，但在水流的作用下，历经一定时间淤积底沙下移，北槽都能恢复原来的水深，说明北槽已成为南港的主要泄流通道，从长周期来看，是一条相对平衡且有生命力的泄流通道。

17. 长江口北支河势演变的基本特征

长江口北支历史上曾经是入海主泓，但18世纪以来逐渐萎缩，目前北支已基本上丧失航运功能，主要起排水通道的作用。

据1920年资料记载，北支分泄长江径流的比例为25%，随后由于上游通州沙的形成，主流折向南支，北支分流量相应减少，河床呈现累积性淤积，1931年北支-5m槽中断。1948年北支上口通海沙围垦及1959～1961年江心沙围垦，岸线向南推进了8km，江面宽由13km束窄为5.7km。1970年江心沙北汊封堵后，北支上口圩角沙向东淤涨，长江主流与北支上口入流接近于90°相交，北支入流条件进一步恶化，分泄长江径流只占3%～4%，已成为一条以涨潮流为主的河道。

近百年来北支的河演过程大致可分为 4 个阶段：

(1)1915 ～ 1958 年。该期间北支主要受南通河段河势变化的影响，20 年代至 30 年代初通州沙东水道逐渐移至通州沙西水道，东水道及东端河床逐渐淤浅，导致进入北支的-10m 深槽不再存在。进入北支的水流不畅。

(2)1958 ～ 1978 年。该期间的土地围垦进一步恶化了北支上口的入流条件。1958 年通州沙及江心沙围垦，1970 年江心沙北汊封堵，使徐六泾断面束窄至 5.7km，北支上口与长江主流之间成 90°交角，北支的分流比锐减，河槽全线淤浅，北支大量水、沙、盐倒灌南支，并在北支口形成舌状堆积体。

(3)80 ～ 90 年代初，长江主流由狼山沙西水道转为东水道，主流由正南方向向东南方向偏转，主流对徐六泾节点的顶冲点位置逐渐下移，导致出徐六泾的主流对白茆沙北水道弯顶的顶冲点位置从立新闸附近下移到北支口附近，加之 1980 ～ 1983 年长江径流较大，上游来流条件的改善导致原来沉积在北支口的舌状堆积体被冲刷殆尽，改善南支水流进入北支水流条件。同时，由于北支河床的严重淤浅，河床阻力增大，纳潮量减小，从而使北支涨潮流动力减小，由此出现南北支涨潮流汇潮点从原来位于北支口外转向北支口内。因此，80 年代以来北支对南支的倒灌程度有所减轻。

(4)90 年代以来，由于北支上段不断围垦，至 1998 年从北支口到青龙港河道全线束窄，河宽由 2.0 ～ 4.5km 束窄至 2.0 ～ 2.5km，而北支下段河宽减少甚少，由此进一步加大了北支上下段的河宽比率，导致潮波变型加大、涌潮加剧。在枯季大潮期，涨潮流在青龙港附近形成涌潮，沿着平顺狭窄的河道一直上溯，导致涌潮一直推出北支口达 4 ～ 5km 远。北支向南支倒灌的情形较前几年更为严重，加上徐六泾深槽主流持续南偏，从而 1997 年在北支口又形成新的舌状堆积体。

1958 ～ 1970 年,北支的年淤积率约为 5000 万 m^3/a，1970 年以后大致为 $1700m^3/a$。尽管北支的淤积速率有所变化，但北支累积性淤积的总体趋势不会改变，北支仍将持续淤涨。至 1997 年，北支零米以下河槽容积仍有 9.8 亿 m^3, 因此，天然情况下北支的自行衰亡仍然是一个漫长的过程。

近期北支河势演变的主要特点表现为：

（1）北支分流比进一步减小

20 世纪 70 年代末至 80 年代中期，出徐六泾节点后白茆沙北水道主流的顶冲点从立新闸附近下移到北支口门附近，北支进流条件一度有所改善，使得北支落潮分流也一度增加到 10% 左右。但随着白茆沙北水道主流顶冲点下移到崇头以下后，对北支进流不利，北支分流比进一步减小，目前分流比已在 5%以下。

（2）北支河槽虽局部区域或个别时段有所冲刷，但总体呈现淤积萎缩趋势

由于北支是以涨潮流为优势的河段， 总体呈现淤积萎缩趋势，但由于影响北支演变的因素复杂，局部区域在局部时段会出现一定的冲刷（见表 2-4）。

表 2-4　　北支河段 －2m 以下容积变化表　　单位:$10^8 m^3$

年份	崇明—大新港		大新港—三条港		三条港—连兴港		合计	
	容积	变幅(%)	容积	变幅(%)	容积	变幅(%)	容积	变幅(%)
1958 年	1.88		7.54		8.64		18.06	
1978 年	0.82	－56.4	4.67	－38.1	7.05	－18.4	12.54	－30.6
1984 年	1.00	22.0	4.05	－13.3	5.87	－16.7	10.92	－12.9
1991 年	0.91	－9.0	3.28	－19.0	4.66	－20.6	8.85	－19.0
1998 年	0.61	－33.0	2.63	－19.8	4.67	0.2	7.91	－10.6
2001 年	0.21	－34.4	3.13	19.0	5.28	13.1	8.62	8.98
备 注	“－”表示淤积，“＋”表示冲刷。							

（3）北支下段主泓相对稳定，上段变幅仍较大

据统计，1958～1983 年，北支左岸江苏一侧平均崩退 2.4km，右岸崇明一侧平均淤宽 4.3km，北支河宽平均缩窄 2.0km。与此相应，北支主泓除局部区域外，总体呈现向北大幅度移动的态势。经过 20 世纪 50 年代至 80 年代的护岸工程，北岸岸线逐渐稳定

下来，北支下段及大洪河弯道主泓相对摆幅趋缓，但北支青龙港以上及大新河至启东港间的主泓随着水下暗沙及边滩的冲淤变化而出现较大幅度的摆动，深泓稳定性较差。

(4)北支倒灌现象近期仍较严重

从20世纪80年代后期开始，北支由于河槽持续淤浅，影响到潮波上溯速度，南北支会潮点由北支上口进入到北支上段，这一时期，北支对南支的倒灌有所减轻。进入20世纪90年代以后，北支上段圩角沙的圈围进一步加剧了北支的喇叭口形态，导致枯季大潮期，青龙港附近涌潮加剧，为涨潮流倒灌南支提供了强劲的动力。因此，20世纪90年代以后，北支向南支倒灌的程度较80年代后期又有所加重。

(5)北支河槽淤积主要集中于南北支会潮区、涨落潮流分离区和崇明北缘三大区域

南支涨潮流到达崇头时，北支涨潮流尚在灵甸港至大洪港一带，南支涨潮流进入北支，在青龙港附近与北支涨潮流会合。由于会潮区在会潮过程中潮位差较小，低流速持续时间较长，往往成为泥沙的重点淤积区域。故90年代北支上段的淤积十分严重。

由于涨潮流偏北，落潮流偏南，涨落潮流分离区往往成为泥沙易于淤积的缓流区，泥沙沉积速度较快。如北支的永隆沙、新隆沙的形成以及目前新村沙的发展即属该类型。

此外，由于北支下段主泓长期稳定在北岸，涨落潮流路较归一。因此，北支下段崇明北缘成为泥沙的主要淤积区域之一，处于该区域的黄瓜沙群及北缘边滩淤涨迅速。

18. 长江口北支将会萎缩消亡吗？

北支是长江口的一级汊道，历史上曾经是长江径流的入海主通道。18世纪以后，由于主流逐渐南移，长江主流改道南支，同时由于上游河势的变化以及人工圈围的影响，北支的进流条件恶化，进入北支的径流逐渐减少，导致北支河道大面积淤浅，河宽逐渐缩窄，北支逐渐演变为涨潮流占优势的支汊，分流比从1915

年的25%减至1958年的8.7%。据统计，1915～1958年，北支两堤之间的面积缩小了23.2%，吴淞基面4.5m以下河床共淤积14.54亿m^3，容积减少27%。1970年以后，徐六泾对岸江心沙北水道的封堵，导致北支进流条件进一步恶化，河床不断淤积萎缩，目前分流比已在5%以下。

北支来沙主要为海域来沙，呈向上输移的特征，涨潮流带入的泥沙落潮时不能全部挟带出海，导致河槽淤浅萎缩。1958～1978年是北支历史上淤积最严重的时期，-2m以下的容积减小30.6%，上段减小幅度更高达56.4%。1978～1983年，北支上段河槽出现短期冲刷，容积有所增加，但北支中下段仍然呈淤积萎缩趋势，只不过幅度有所减缓。1983～1991年，北支又重回淤积萎缩趋势，上、中、下三段容积均有所减少，特别是北支中段由于南北支会潮点下移到大新港至三条港一线，灵甸沙群大面积淤涨。1991～2001年，北支口门圩角沙的圈围导致北支进流条件进一步恶化，上段继续大幅度淤积，-2m以下容积再次大幅减小76.9%，特别是2001年以后，北支上段牛棚港以上的江中心有一块暗沙出水，至2003年，该暗沙已发展为上起崇头，下至新跃沙，与崇明相连的大边滩。但中、下段河槽1991年以后从下至上却出现了冲刷趋势。1998年以后，冲刷范围已上延到灵甸港附近。

预计今后北支的自然演变趋势仍以淤积萎缩为主，但其过程历时将较长。南北支会潮区在较长时间内稳定在北支上段，北支上段河道将进一步淤积。北支下段近几年发生冲刷，且有上延之势，其发展趋势有待进一步观察研究。

19. 三峡工程对长江口河床演变将会产生怎样的影响？

三峡工程是治理和开发长江的关键工程，有巨大的防洪、发电和航运等综合效益。三峡大坝坝址位于湖北宜昌三斗坪，距河口约1800km，坝址处年均径流量4510亿m^3，约占长江平均入海水量的一半，总库容393亿m^3。按工程设计及施工安排，三峡水库在2003年6月初开始下闸蓄水，到2009年汛后，枢纽工程具备按最终规模(正常蓄水位 175m)运行的条件。

三峡工程建成运行后,长江全年入海总水量不变,只是径流年内分配有所变化,使河口各月、季间的流量趋于均匀。三峡水库蓄水后,尽管采用了“蓄清排浑”的运用方式,但水库的淤积量仍然较大,长江下泄泥沙总量减少。三峡工程改变了长江的来水来沙条件,将对长江口的河床演变带来一定程度的影响。

(1)对南支河槽的影响

南支长期以来为长江河口的通海航道,但其河床多变,尤其是南北港分流口的上下移动更使河槽变化剧烈。长江洪水对河口的造床作用是十分明显的,每次大洪水均会使河口河槽发生较大的变化。从历史上看,1958 年产生新崇明水道,1963 年切开浏河沙产生新宝山水道,分流通道的变化,使得进入北港主槽的落潮流顶冲位置发生变化,且大量底沙从南、北港过境,导致航槽中断。三峡水库对特大洪水起削峰作用,这对河口河槽的稳定是有利的,对南支河段也是有利的。

(2)对北支河槽的影响

目前,由于进入北支的径流量减少,1992 年枯季各潮型为 0.45 ~ 1.8%,1993 年洪季为 3.5%,1999 年枯季时已不足 1%,潮流作用相应增强,北支已成为一条以涨潮流为主的河道,其河道演变以潮流为主要影响因素。因此,三峡工程的实施所引起的大通站流量的变化不致影响北支河槽的变化。

(3)对北支泥沙倒灌的影响

北支泥沙倒灌南支,影响白茆沙北水道航道的水深与稳定。现状情况下,北支水沙倒灌主要发生在枯水大潮期。三峡建库后,12 月至次年 5 月枯期大通站泄量增加,在较长时期内对减轻北支水沙倒灌是有利的。丰、平、枯水年大通站 10 月份平均流量达 2.1 万～ 4.3 万 m^3/s 以上,对北支倒灌南支基本无影响。当 10 月份遭遇 1959 年型来水时,大通站泄量为 $11192m^3/s$,如遇上大于 2.5m 的潮差,一定程度上会增加北支倒灌的强度,但由于出现的几率较小，增加的时间不长，对南支影响不大。因此，总体而言，三峡工程对减轻北支水沙倒灌是有利的。

(4)对河口航道拦门沙冲淤的影响

长江口四条入海通道都存在拦门沙浅滩。北支潮汐作用强，拦门沙位于口内，北港、南港北槽和南港南槽的拦门沙均位于口门附近，其滩顶自然高程一般在-6m左右，航道水深太浅，使大吨位船只不能通过，已严重地影响上海港以至南京以下的南京新生圩港、镇江大港和张家港等的发展。

河口航道拦门沙的变化是一个受径流、潮流、波浪、盐淡水混合以及生物、化学等多种因素影响的复杂过程，但上游的来水来沙是影响它变化的两个重要因素。

根据河海大学海岸及海洋工程研究所的研究，长江口拦门沙是滞流点附近底沙停滞不前、悬沙易于汇集的区域。其年内变化一般规律为洪淤枯冲，洪季悬沙落淤是拦门沙形成的主要原因之一。滞流点的位置与径流量、潮差和水道深度有关。一般而言，当上游来水越多即径流量越大，滞流点下移，反之则上提。三峡工程建好后，在大洪水年份，由于流量年内调节，洪枯季径流量的变幅减小，洪枯季滞流点移动的范围将比建坝前小，从而使拦门沙长度有所缩短。另外，拦门沙附近淤积的先决条件是上游有充分的泥沙供给，三峡工程实施后上游泥沙来量有所减少，拦门沙地区淤积量不会大于天然情况下的数量，因此，对河口拦门沙处的航道维护是有利的。

综上所述，三峡工程蓄水后，因对大洪水削峰，可减免对河势大的影响，有利于河槽的稳定；枯季流量增加，沙量减少，使南支河段洪季淤积减少，枯季冲刷加大，有利于滩槽高差增加及河床稳定；年内流量分配趋于均匀化，洪枯季滞流点移动的范围将比建坝前小，从而使拦门沙长度有所缩短，加上泥沙来量减少，拦门沙地区淤积量不会大于建坝前的数量，有利于拦门沙浅滩水深条件的改善。

三、长江口治理沿革

(专家:徐建益)

徐建益，男，江苏南通人。1984 年毕业于武汉水利电力学院河口海岸动力学专业，获硕士学位。现任长江勘测规划设计研究院副总工程师，上海分院院长。长期从事长江口的开发整治规划研究工作。是《长江口综合开发整治规划要点报告（1997 年版本）》和《长江口综合整治开发规划要点报告（2004 年修订）》主要技术负责人。曾先后获得水利部水规总院科技进步一等奖，水利部长江水利委员会年度科学技术进步一等奖，上海市科学进步一等奖。

参加国家“八五”重点科技攻关项目“长江产业带的建设与发展研究”。1997 年受到国家计委、国家科委、财政部的国家“八五”重大科技攻关成果表彰。

作者在国内外发表多篇关于长江口整治开发规划的专题论著，被水利部水利水电规划设计总院授予“全国水利勘测设计行业优秀中青年技术人员”称号。

20. 历史时期长江口是如何治理的？

历史上，长江河口的治理主要是消极的防溢和防冲，直到19世纪末至20世纪20年代上半叶，才有少量治理工程和航道增深的试验。长江口的洪涝灾害绝大多数是由汛期大水和外海高潮位共同造成的。早期长江三角洲前沿有冈身屏障，没有系统海堤。11世纪海岸虽然已在川沙、南汇惠南镇一线，但开发程度低。南宋时期，朱伯原《吴郡图经》一书中仍然说，冈身是“此天所以限沧溟，而全吴人也”。和其他海滨地区一样，在堤防不健全以前，常有避潮墩的构筑。长江河口有些沙岛上，直到18世纪还以避潮墩作为抵御风暴潮的工事。

1052～1054年，长江口出现了较系统的海塘，当时的秀州知县吴及在吴淞江口迤南到金山，兴筑了逾50km的土塘。其前不久，通州也修建了堤防，以防江岸内坍。三角洲海岸总是向外推展的，随着岸线外展，总有新的海堤兴建；可是，海堤常受风潮袭击而有破损，所以临海堤防常有维修和兴筑之事。长江河口堤防，几经修筑，至上世纪上半叶，南岸有海堤三重：最内为钦公塘，原系元代的小护塘，明代为外护塘，清代钦连于1733年全面整修，培高加固，于是称为钦公塘。1883年修筑的一道海堤称为王公塘，再外为李公塘，建于1906年。以后虽有局部民间散塘，但李塘则为长江口防御大堤，直迄于上世纪中叶。

“护岸先护滩”是中国古代海岸工程人员很早就熟知的问题。长江河口最早出现丁坝防冲护滩是南汇下沙的石笋滩，15世纪弘治上海志予以记载，但不知其始于何时。只云“潮汐至此，其流遂分”，就是起了抛石护坡、丁坝挑流的作用。丁坝工程到了18世纪，有的长达330m，见于宝山南石塘附近。除了丁坝外，18世纪还筑有护滩顺坝。建于离堤稍远，潮滩的滩唇之上。当时江南海塘的丁坝和顺坝多是桩石构筑。

到了19世纪中叶，长江河口有了水下地形测量的图件。最早的图件系1842年。以后常有测图、可以对比分析，辨清河口河槽冲淤情势。对关键的险工河段及时采取必要的措施。

清道光二十三年(1843年)上海辟为商埠后,帝国主义为了通航需要开始注意长江口的整治工作,因为长江口大片拦门沙是上海港通海航道的主要障碍。1876年荷兰工程师奈格(J.D.Ryke)提出了《上海港扬子江通海航道现状之探讨》之后,又提出了多份调查研究报告。为了增加通海航道的水深,英美等国于1914～1918年间在芜湖至长江口外绿华山等处,进行水文测验和河道地形测量,聘请各国顾问提出了多种增深航道的整治意见。在所提整治方案中有塞支强干、筑堤导治、堵塞南北港各沙岛间通道、疏浚“神滩”(即今铜沙浅滩)改善通航困难以及在杭州湾金山嘴附近建外港、开运河接通黄浦江等诸多建议。此后上海浚浦局组织代表帝国主义各航运国的“上海技术顾问委员会”,审查决定选用南港南槽、疏浚增深“神滩”的方案。1935年上海浚浦局从德国进口“建设”号挖泥船,7月开始在“神滩”疏浚挖泥。至1937年8月日军侵华战争爆发止,仅在神滩顶获得1.5m增深,即挖至6.7m,挖槽长度5.5km(神滩长15km)。民国29年(1940年)经上海浚浦局测量,挖槽已无痕迹。在这期间没有中国人员参加,全部由驻沪领事和外国专家所控制,整治费用由中国政府承担。

21.新中国成立后长江口整治开发研究过程是怎样的?

新中国成立后长江口整治工作从研究河床演变入手。1957年,陈吉余(详见图3-1)组建了我国第一个河口研究机构“华东师范大学地理系河口研究室”(现更名为“华东师范大学河口海岸科学研究院”)。

1958～1959年,严恺会同上海航道局、南京水利科学研究所、华东师范大学的专家,动用了40多条船、1000多人,先后3次对长江口进行了大规模的水下地形测量与水文测验,并召开了长江口综合开发座谈会,探讨治理方案。

1960年,交通部成立长江口整治研究领导小组,严恺担任领导小组组长(详见图3-1)。1961年的反右倾政治浪潮使整治研究工作中断。

1962～1966年，长江口整治工作列入了国家科技发展十年规划，成立了长江口治理研究委员会，负责制订长江口整治规划。1963年在交通部领导下，成立了“长江航道改善措施研究工作组”，下设综合技术组，负责制订科研计划和协调试验研究工作。通过现场调查和资料分析，基本上掌握了长江口的一些特征和演变规律。“文化大革命”期间，长江口研究工作全部停顿。

图3-1 照片：严恺（左）、陈吉余（右）

60年代，徐六泾河段北岸自通过围垦，政府组织力量将13km宽的江面束窄为5km，成为长江口上游的人工节点。

1964～1972年，长江口石头沙、瑞丰沙、潘家沙、鸭窝沙、金带沙、圆圆沙等6沙经不断修筑堵汊工程，连并成上海最大人工岛，定名为长兴岛。长兴岛将长江口南支分为北港与南港两股水道。

1973年，南京水科院制作了长江口模型，并开始了长江口的物理模型试验研究工作。

1973～1977年，长江口航道淤积严重，给航运带来很大影响，周恩来总理提出“三年改变港口面貌”的号召，将长江口航道治理工程列为国家重点建设项目，长江口航道治理着手进行。第一期工程被列为重点建设项目，由国家投资3600万元，投入6艘万吨级挖泥船开挖长江口南水道，全长32.8km，河底宽250m，挖深至-7.0m，初步改善了航运条件。1974年后，上海市航道局为维持航道水深-7.0m，每年疏浚土方1800万m^3，年维护费3000万元。从此南支—南港—南槽为通海主航道，吃水9.5m或10m的海轮乘高潮进港，通过能力有所提高。

1978～1981 年，经国务院批准成立了长江口航道治理工程领导小组，下设科技组和办公室，分别挂靠南京水利科学研究所和上海航道局，严恺担任科研技术组组长。航道治理工程领导小组先后开了 3 次会议，以确保宝钢总厂码头前沿水深和水域宽度为主要目标，审议了各有关部门提出的长江口南支河段的三沙治理工程方案。

1978～1980 年，为了防止长江口南支河段宝钢码头前沿河势的恶化，在扁担沙南门通道先后修建了聚乙烯潜网坝(8 条共长 22.87km)和沉排抛石坝(长 1.8km)试验抢险工程。上述两项均为“三沙”(即中央沙、扁担沙、浏河沙)治理的局部性试验性工程，亦是确保宝钢码头前沿水深的应急抢险工程。同时，又在入海航道方面进行了深水航道的选槽工作，对北槽、北港进行了试验性挖泥等，以观察研究疏浚效果及回淤率。

1982 年 8 月上海水利座谈会一致认为长江口整治工作十分重要，需要成立专门的机构来组织和实施。1983 年 7 月经国务院批准撤销长江口航道治理工程领导小组，同时批准成立长江口综合治理领导小组（1984 年扩大为长江口及太湖流域综合治理领导小组)，全面负责领导长江口、黄浦江、太湖流域的综合治理工作。经水电部和上海市协商，1984 年批准成立上海市长江口开发整治局，恢复水电部上海勘测设计院，分别作为长江口整治的建设单位和负责长江口整治规划、工程可行性研究、勘测设计等前期工作。综合治理领导小组下设办公室和长江口、太湖流域两个科技组，严恺任两个科技组的组长。

1983 年 9 月 10 日，长江口遭受第 10 号台风袭击，南槽严重回淤，全线淤浅 0.6m，总淤积量达 400 余万 m^3。

1984 年 1 月，改辟北槽为深水通海主航道，全长 18.8km，浚深至-7.0m(1989 年又浚深至-7.5m)，河底宽 250m。4 月开始，长江船只改由南港经鸭窝沙航道由北槽入海，万吨轮可以乘潮进港。由于河口拦门沙滩顶水深不足，瑞丰沙嘴下延和江亚心滩上溯，又使鸭窝沙航道不断淤浅，还须依靠疏浚维持水深，以保持入海航道的通航能力。3 月水电部上海勘测设计院根据国家计委和水电部的指示，组织编制《长江口综合开发整治规划要点报告》，于 1988 年 12 月完成规划要点报告。1989 年 5 月，水利部委托严恺召集科技组成员并邀请有关专家，评审同意了该报告，报国家计委审批。

1988 年冬，由于精简机构，国务院通知撤销长江口及太湖流域综合治理领导小组。1991 年市计委根据国家计委要求，组织编制《上海国土规划纲要》，其中的“长江口环境和近中期整治”专题，以长江口开发整治局为主，水电部上海勘测设计院和上海航道局参加，于 1992 年 7 月完成。1992 年，《长江口深水航道整治方案》研究列入国家“八五”科技攻关项目，由交通部上海航道局、南京水科院为负责单位，组织各有关单位参加。于 1993 年完成研究报告，1994 年 3 月经国家计委在北京组织验收委员会鉴定通过。

1997 年，水利部上海勘测设计研究院修订完成了《长江口综合整治规划要点报告》(1997 年版本)，该报告通过了水利部组织的审查，并上报国家计委。经审查批复，长江口南港北槽深水航道治理工程于 1998 年 1 月正式开工建设(详见图 3-2)。长江口深水航道一、二期工程分别于 2002 年和 2005 年竣工，深水航道水深达到 10m。

图 3-2　长江口深水航道整治工程

由于 1998 年和 1999 年的大洪水，长江口河势发生较大变化。为此，2004 年长江水利委员会长江勘测规划设计研究院会同上海勘测设计研究院等单位，再次修订完成了《长江口综合整治开发规划要点报告》(2004年修订)。

22. 长江口整治的关键问题有哪些？

长江口水流泥沙运动和河床演变规律十分复杂，河口治理的难度极大。长江口整治主要有以下几个关键问题：

(1)如何增强徐六泾节点的控制作用

20世纪50年代以前，徐六泾河段江面尚有13km之宽，那时北侧的通海沙还是一系列向下游伸展的沙嘴和散漫的阴沙，其间有水道、潮沟穿行。1958年后，通海沙和江心沙陆续围垦，江面因此束窄到5km左右，基本形成节点河段，对下游南支河段的河势稳定起到一定的控制作用。徐六泾节点的形成大大增强了对河势的控制作用，但由于仅徐六泾标一处宽度为5.7km，以下左右岸边界均可冲易动，节点控制作用还不够充分，上游河势的变化仍将影响白茆沙南北水道的入流情况，从而影响白茆沙南北水道和下游南北港分流口的稳定。

(2)如何稳定南、北港分流口

南、北港分流口的不稳定对长江口下游河势的影响非常突出。南、北港分流口附近的分流通道下移、偏转、扭曲、萎缩的复杂变化过程，导致过流不畅，从而产生新的分流通道，并在冲刷和切滩的过程中产生大量底沙下泄，其冲淤变化严重影响下游河势，需要进行重点整治。由于南北港分流口处河势演变规律十分复杂，如何稳定南、北港分流口是长江口整治的重点和难点之一。

(3)拦门沙航道的整治

长江口拦门沙规模巨大，在世界河口中实属罕见。其自然水深多年变化在6m左右，这样的水深与其他大河口相比已属优良系列。长江口拦门沙碍航的主要问题是滩顶太长，据1977年测量，水深不足7m的河段在南港南槽有33.1km，在北港有32.3km；水深不足8m的，南槽为52.5km，北港为36.7km；水深不足10m的，南港南槽为72.8km，北港为40.6km。目前，深水航道治理一、二期工程已经竣工，航道水深已达到-10m。三期航道疏浚工程也已开始，工程竣工后，长江口深水航道将达到-12.5m 水深。

(4)北支整治问题

20 世纪以来，进入长江口北支的径流量不断减少。40 年代以后，进入北支的流路不断偏转，与长江主泓交角逐渐增大，北支河道向涨潮槽转化，在永隆沙以上出现涌潮。50 年代后期，长江径流进入北支的流量占 1%～2%，洪季时，三和港尚可引淡灌溉。至 70 年代，北支不仅分泄长江径流极小，反而有部分潮水倒灌南支，从而引起泥沙和盐水倒灌。由于海潮挟沙淤积于北支上口，北支河床日浅，航行困难。北支倒灌到南支的泥沙使白茆沙北水道 10m 等深线难以延伸。

23. 长江口早期整治的重点在哪里？

20 世纪 50 年代末至 80 年代初，由长江流域规划办公室（现长江水利委员会）组织多家单位，根据国务院、中央有关部委的要求和上海港及宝钢码头建设的需要，对长江口的演变规律进行了大量研究，开展了多方面的整治规划研究工作；20 世纪 80 年代初至 90 年代，水利电力部上海勘测设计研究院根据国家计委批复的《长江口综合开发整治前期工作任务书》的要求，以航运和航道整治为重点，兼顾防洪潮、水利、灌溉等各方面的需求，对长江口综合开发利用规划进行了较为系统的研究，于 1988 年提出了以北港入海航道整治为重点的《长江口综合开发整治规划要点报告》；1992 年国家计委将“长江口拦门沙航槽演变规律与深水航道整治方案研究”列入国家“八五”重点科技攻关计划；1997 年水利部上海勘测设计研究院又提出了《长江口综合开发整治规划要点报告》（1997 年版本），该报告通过水利部组织的审查，并上报国家计委。经审查批复，长江口南港北槽深水航道治理工程于 1998 年 1 月正式开工建设。

24. 长江口近期整治的重点有哪些？

虽然近几十年来长江口的规划与研究工作一直没有间断，取得了许多研究成果，但由于1998年、1999年大水后，长江口的河势出现了较大调整变化；长江口深水航道治理工程、三峡工程及南水北调工程等逐步实施，将会使长江口的水沙条件发生一定程度的变化；沿岸社会经济高速发展对航运发展，淡水资源、岸线资源及滩涂资源等开发利用提出了新的更高的要求，原有规划已不能适应长江口自然条件的变化及社会经济发展的要求，有许多问题需要深入研究。存在的问题主要表现在以下几个方面：一是河势尚未得到有效控制。南支河段近年来出现的一系列不利于河势稳定的变化，对沿岸重要基础设施的正常运行构成威胁；北支河段仍在不断萎缩，航运功能已基本丧失。二是淡水资源开发利用条件不断恶化。北支咸潮倒灌、南支咸潮上溯及近岸水域水质污染严重地影响到上海市和江苏太仓、启东、海门等地区淡水资源的开发利用。三是滩涂开发利用与生态环境保护矛盾突出。长江口地区社会经济发展对土地需求日益增大，而长江口的高滩资源相对匮乏，中、低滩的过度圈围将对生态环境带来较大影响。四是岸线开发利用缺乏统一规划与管理。五是部分堤段未达到防洪（潮）规划标准。六是长江口生态环境仍呈衰退趋势。

为此，最新修订的《长江口综合整治规划要点报告（2004年修订）》提出长江口近期整治的重点包括：基本稳定南支上段河势，初步形成相对稳定的南、北港分流口，稳定分流态势；减缓北支淤积速率；减轻北支咸潮倒灌南支，改善南支淡水资源开发利用条件；在深水航道治理工程的基础上，整治白茆沙水道，适当改善北港、南槽及北支的通航条件，满足近期航运发展对航道建设的需要；加快防洪工程和排灌工程建设步伐，达到近期防洪（潮）及排灌规划标准；对淡水水源地和自然保护区进行重点保护，初步抑制长江口局部水域水质恶化和生态环境衰退的趋势；结合河势控制工程，改善岸线利用条件，开发新的岸线资源；适度圈围滩涂，基本满足社会经济发展对土地资源的迫切需求。

25. 长江口已实施的重大整治工程有哪些？

对长江口河势控制有重要意义的已实施重大整治工程主要

有：20 世纪 50 ～ 60 年代实施的徐六泾人工节点工程、60 ～ 70 年代实施的长兴岛合并工程和 1998 ～ 2005 年实施的长江口深水航道治理一、二期工程。

长江口深水航道治理（详见图 3-3）一、二期工程主要内容包括：在南北槽分流口处建设分流口工程；在北槽两侧各建长约 50km 的导堤和 19 座丁坝。一、二期工程共建设导堤、丁坝等整治建筑物 141.48km，疏浚土方 9103 万 m^3，工程总投资 87.96 亿元。一、二期工程分别于 2002 年 9 月和 2005 年 11 月通过竣工验收，建成并成功维护了通航水深 10.0m、底宽 350 ～ 400m、长 74.47km 的双向航道。长江口深水航道治理一、二期工程不仅极大地增强了长江口航道的通航能力，而且固定了南北槽分流口，对南北槽的河势稳定也起到积极作用。

图 3-3　长江口深水航道整治工程平面布置示意图

26. 长江口规划的重大整治工程有哪些？

最新修订的《长江口综合开发整治规划要点报告（2004 年修订）》规划的长江口重大整治工程有：

(1)徐六泾节点及白茆沙河段整治工程

此项整治工程主要包括徐六泾节点整治工程、白茆沙头整治工程、白茆沙北水道下边界整治工程。工程的目的在于增强徐六泾河段的束流、导流作用，使水流动力相对集中，使出徐六泾的主流能较为稳定地居中北偏，从而有利于白茆沙北水道的发展，有利于形成白茆沙河段南北水道-10m深槽皆贯通、南水道为主汊的河势，同时为沿江地区的水土资源开发利用创造条件。

(2)南北港分流口整治工程

工程目的在于稳定南北港分流口的位置，同时结合南北港的整治，合理束窄河宽，固定洲滩，为南北港的综合整治创造有利条件。主要工程措施包括新浏河沙边界潜堤固定工程、南沙头通道护底工程、中央沙圈围工程以及下扁担沙头部潜堤固定工程。

(3)南北港整治工程

北港的整治是通过实施青草沙体圈围工程，束窄河宽，使北港逐步形成主槽上段偏北、下段偏南，微弯形河势。

南港整治工程是通过实施瑞丰沙体右缘边界固定工程，稳定南港南岸的水动力条件，确保浦东深水岸线稳定，并防止瑞丰沙体切滩影响到长兴岛南岸深水岸线和北槽进口圆圆沙航槽稳定。

(4)长江口深水航道治理工程

深水航道治理工程由北导堤工程、南导堤工程、分流口导堤工程及与其相连的潜堤工程、南导堤与北导堤间的束水丁坝工程及人工挖槽等五项工程组成。工程的主要目的是导流、减淤，使长江口深水航道最终形成水深满足12.5m的入海航槽。目前，深水航道治理的主体工程已完工，航道水深达到10m。

(5)北支河道整治工程

近期通过实施圈围工程将北支河道束窄到合理的宽度，减小河道的放宽率，从而减少北支的纳潮量，减少或消除北支水、沙、盐对南支的倒灌，为南支的淡水资源开发利用及河势稳定创造有利条件。

四、长江口河道整治

（专家：王永忠）

王永忠，男，1966年10月出生，湖北咸宁人，现为中国水利学会会员，教授级高级工程师。近20年来主要从事于大、中型水利水电工程设计、河道治理工程规划设计、河口整治工程和长江中下游河道管理等工作，在河道治理、河口整治及河道管理等方面有较丰富的理论和实践经验。作为技术负责人之一参与主持了：长江中下游干流河道治理规划、长江口综合整治开发规划、长江上游干流河道采砂规划、上荆江河势调整规划、三峡工程第八专题研究、南水北调中线工程可行性研究、汉江河口整治工程设计、治理深圳河第三期工程设计、长江南京河段二期河道整治工程设计、荆江河段河势控制应急工程设计、长沙城市防洪工程可行性研究、汉江杜家台分洪闸加固工程设计、长江张家港干堤加固工程可行性研究、长江口白茆小沙整治工程可行性研究、长江口新通海沙整治工程可行性研究、澄通河段西水道整治工程研究、苏州港太仓港区四～六期工程设计、深圳河河口改善及泥沙淤积规律研究等几十项大、中型水利工程的科研、规划、设计及施工总承包等工作。作为主要参加人完成的有关成果分别获1999年长江水利委员会科技进步奖一等奖、上海市2005年度科技进步一等奖、2005年度交通部优秀水运咨询成果三等奖、2006年度长江水利委员会科技进步奖一等奖。撰写的“Comprehensive Regulation and Development Planning of the Changjiang River Estuary”论文，在“第九届国际河流泥沙会议”上交流；撰写得“论长江口的综合整治与开发”被长江委推荐参加“新世纪水利工程科技前沿（院士）论坛”交流，录入论坛论文集。参加编写《长江河道演变与治理》及《长江流域综合利用规划研究》等著作。

27.既然长江口深水航道已开始实施，并且已取得预期效果，为何还需要开展长江口的综合整治？

长江口地区地处我国沿海经济带和沿江经济带的结合部，集“黄金海岸”和“黄金水道”的区位优势于一体。区内气候温和湿润，水资源充沛，交通便利，开发历史悠久，工农业和科学技术基础雄厚，是当前我国社会经济发展最快的地区之一，发展潜力巨大，对长江流域和全国经济发展的带动作用十分明显。

长江口经过长期的自然演变，加上徐六泾人工节点的形成，以及沿岸护岸保滩工程和滩涂圈围工程的实施，河道宽度大幅度缩窄，岸线崩退得到初步控制，总体河势正逐步向相对稳定的方向发展。但由于长江口河道仍较宽阔、水下暗沙众多、水流动力条件复杂，河道冲淤多变，河道存在的许多问题严重地制约了河口地区社会经济的发展。主要表现在：一是河势尚未得到有效控制。目前长江口除历年兴建的海塘及护岸保滩工程、洲滩圈围工程和南港北槽深水航道治理工程外，河道基本处于自然演变状态。1998年、1999年大水后，白茆沙河段南水道的发展，白茆沙头的冲刷后退，扁担沙的切滩和新通道的形成发展，南北港分流口的持续后退，新宝山水道上口的淤浅，北支河道的不断淤积萎缩，均严重威胁到沿岸重要国民经济设施的安全运行和南港北槽深水航道的稳定。二是社会经济的发展对长江口的航运发展不断提出新的要求。长江干流水运条件优越，素有“黄金水道”的称誉。随着社会经济的不断发展，长江干流货运量将进一步增长，从长远来看，必将对长江口航道条件的改善不断提出新的要求。由于受河势变化的影响，目前长江口航道存在的航槽不稳、北港和南槽拦门沙水深不足等诸多问题，日益成为长江航运发展的制约因素。迫切要求在长江口深水航道整治的基础上，结合河势控制和滩涂圈围工程的实施，进一步稳定和改善长江口的航道条件，分阶段地使深水航道向上游延伸，以便更好地支撑和促进长江流域特别是长江三角洲地区的社会经济发展。三是淡水资源开发利用条件不断恶化。长江口近岸水域的水质污染、北支咸潮的倒灌及南支咸潮的上溯，特别是20世纪90年代以来北支咸潮倒灌南支程度的加重，已严重地影响到上海市和沿江太仓、启东、海门等地区淡水资源的利用。四是滩涂资源开发利用与河势稳定、湿地环境保护等方面的矛盾日益突出。随着社会经济的发展、人口的增加，土地供需缺口日益加大，对长江口滩涂资源开发利用的要求日益迫切。经过新中国成立以来的不断圈围，目前长江口3.0m（上海城建吴淞基面）以上的高滩大都已经圈围，今后中、低滩涂资源的圈围利用，不仅与河势的稳定关系密切，而且与湿地环境保护之间的矛盾将更加突出，必须根据湿地保护的总体要求，妥善处理好滩涂资源开发与生态环境保护之间的关系，做到合理利用与适度开发。五是岸线开发利用缺乏统一规划与管理，岸线资源浪费现象严重，不利于地区社会经济的持续发展。由于历史的原因，长江口地区的岸线开发利用缺乏统一的规划指导，岸线开发利用管理体制不顺，导致岸线资源浪费严重。随着地区社会经济的快速发展，对岸线开发利用的要求越来越迫切，开发速度明显加快，岸线资源也越来越紧张，岸线的统一规划与管理问题极为突出。六是部分堤段未达到防洪（潮）规划标准，部分岸段崩岸仍较为剧烈，与长江口地区的经济地位不相适应。

自20世纪80年代改革开放以来，特别是党的十四大提出“以上海浦东开发开放为龙头，进一步开放沿岸城市，尽快把上海建成国际经济、金融、贸易、航运中心，带动长江三角洲和整个长江流域地区经济新飞跃”的重要部署以来，长江三角洲地区（特别是长江口地区）乃至整个长江沿岸地区社会经济得到了全面、快速、健康发展，经济总量在全国所占比重不断加大。随着社会经济的快速发展，沿岸的重要基础设施密度不断加大，社会经济发展与局部河势不稳、水环境恶化等方面的矛盾日益突出，对河势稳定、淡水资源利用和水土资源的可持续开发等方面的要求也日益迫切。因此，在综合整治开发规划的指导下，加快长江口综合整治开发步伐，对长江口地区经济乃至全流域社会经济的发展具有十分重要的战略意义。

28. 长江口综合整治开发的主要目标有哪些？

长江口综合整治开发的总体目标为：通过工程措施和非工程措施，稳定和改善河势，逐步改善航道条件及淡水资源开发利用条件，保障防洪（潮）安全，合理开发水土资源，加强环境保护和生态建设，实现多目标综合整治。

近期水平年的目标为：基本稳定南支上段河势，初步形成相对稳定的南、北港分流口，稳定分流态势；减缓北支淤积速率；减轻北支咸潮倒灌南支，改善南支淡水资源开发利用条件；在深水航道治理工程的基础上，通过加强管理措施，并辅以必要的工程措施，分阶段地使深水航道向上游延伸，适时启动白茆沙水道整治工程，适当改善北港、南槽及北支的通航条件，满足近期航运发展对航道建设的需要；加快防洪工程和排灌工程建设步伐，达到近期防洪（潮）及排灌规划标准；对淡水水源地和自然保护区进行重点保护，初步抑制长江口局部水域水质恶化和生态环境衰退的趋势；结合河势控制工程，改善岸线利用条件，开发新的岸线资源；适度圈围滩涂，基本满足社会经济发展对土地资源的迫切需求；基本完成长江口水文水质站网建设任务，初步构建长江口地区水利信息化系统框架。

远期水平年的目标为：进一步稳定白茆沙河段北岸边界，使七丫口段逐步成为新的人工节点，进一步稳定和改善南北港分流口及北港的河势；根据国民经济发展的需要及北支缩窄后河道变化趋势，在条件成熟时，再考虑实施北支下段建闸或其他可行方案，以消除北支咸潮倒灌对南支淡水资源开发利用的影响，全面改善南、北支淡水资源开发利用条件；结合河道整治及滩涂圈围，辅以航道整治工程措施，进一步改善北港、南槽及北支的航道条件，达到远期航道建设标准；促进河口地区生态环境进一步改善，以支撑地区社会经济的可持续发展；全面达到长江口地区的防洪（潮）及排灌规划标准；基本建成较为完善的长江口地区水利信息化系统。

29. 为什么说满足航运发展需要是长江口综合整治开发的首要任务？

长江沿江地区产业布局密集，工业门类齐全，已经形成了较为完整的工业体系。沿江布局的大型企业生产所需的相当一部分原料及产成品的运输均利用了成本较低的长江航运，直接带动了长江航运的发展，而长江航运的进一步发展又带动和促进了沿江经济带的形成，是长江沿江经济持续快速发展的重要支撑。发展长江航运，对于加快长江经济带综合开发，进而带动全国经济发展具有全局性的意义。

随着深水航道整治二期工程的即将完工和三期工程的进一步实施，长江口的入海航道条件将得到极大改善。但受河势变化的影响，白茆沙南航道的稳定性难以得到有效保证；南港进口滩槽变化频繁，航道宽度、水深稳定性较差；由于瑞丰沙频繁切滩，北槽进口园园沙航槽水深难以稳定；北港航槽平面位置难以固定，平面摆幅较大，且拦门沙区域航道水深不足；南槽拦门沙水深不足，严重影响了南槽航运的发展。目前长江口航道存在的诸多问题，日益成为长江流域特别是南京以下航运发展的重要制约因素。同时，随着通过长江口货运量的快速增长，以及船舶日益向大型化方向发展，必然对长江口的通过能力、航道水深以及航槽的稳定性提出新的更高的要求。因此，满足长江航运发展的需要，是长江口综合整治与开发的首要任务。

根据交通部门对货运量、船型的预测，以及深水航道不同时期通过能力与实际通过量的对比分析，2010 年必须将通过南港北槽航道的部分 1 万载重吨以下的船舶分流到北港或南港南槽航道进出，2020 年必须将通过长江口南港北槽航道的部分 1 万～3 万载重吨的船舶分流到北港航道进出。因此，南支航道的总体布局，必将是北槽主航道、北港航道和南槽航道合理分工，共同发展的格局。同时为满足苏北通、启、海地区经济社会发展对岸线利用和航运发展的需要，适当改善北支的航道条件也是十分必要的。为此，长江口的河势控制与综合整治，应充分考虑上述航道发展的总体布局和要求，维持三级分汊、四口入海的总体河势格局，并通过整治与围垦相结合，逐步改善北港、南槽及北支的航道条件，为长江航运发展提供有力保障。

30. 为何说稳定河势和改善淡水资源开发利用条件是长江口综合整治迫切需要解决的主要问题？

近年来，特别是1998年、1999年长江大洪水后，长江口河势出现一些不利的变化，主要表现为白茆沙南水道持续发展、北水道持续萎缩，白茆沙头大幅冲刷后退，扁担沙的切滩和新浏河沙串沟的形成并不断发展，南北港分流口持续后退，新宝山水道上口淤浅萎缩，新浏河沙包南压下移，瑞丰沙中部串沟形成，这些变化已严重威胁沿岸重要国民经济设施的安全运行和南港北槽深水航道的稳定。此外，北支仍将呈淤积萎缩的趋势，枯水期北支向南支大量倒灌水、沙、盐，不仅影响沿江淡水资源的开发利用，也影响到南支河段河势的稳定。

稳定的河势是开发利用长江口资源优势的前提条件。沿江城市的发展、港口码头的布局、航运的发展、工矿企业及各类岸线基础设施的建设等都离不开稳定的河势条件，稳定的河势是岸线稳定、堤防安全、航运畅通、各类基础设施安全运行的前提条件。经济社会愈发展，对沿岸河势河床稳定的要求愈高。因此，迫切需要通过长江口综合整治，进一步稳定优良河势，控制和改善不良河势，使长江口河势朝着有利方向发展，改善通航条件，发挥通江达海、走向世界的纽带作用。

长江口的淡水资源量较为丰沛，且水质尚好，基本可以达到地表水Ⅱ～Ⅲ类水标准。长江口是上海市的第二水源地，长江原水占上海市原水总供水设计规模的23%，目前上海市在长江口建有陈行水库、墅沟水库和宝钢水库等供水工程，总设计供水规模约为 190 万 m^3/d；长江口也是江苏省沿江地区的主要供水水源，区域内大型电厂、主要工业自备水源及大部分城镇供水均取自长江，像尚湖、浏河、通吕运河等内河水源的水体也大部分源自长江。江苏省在长江口的主要取水口有常熟市三水厂、太仓二水厂和海门水厂，总取水规模为 98 万 m^3/d。

尽管长江口地区水资源丰沛，但由于受到水质污染，咸潮入侵（特别是北支咸潮倒灌）的影响，该地区正日益成为典型的水质型缺水地区。1978 年冬到 1979 年春的咸潮入侵，曾导致崇明岛被咸水包围 4 个多月，受咸潮影响时间前后长达 7 个月。近 20 年来，因受北支咸潮倒灌加重的影响，长江口咸潮入侵呈加剧趋势，每年的 1 ～ 3 月均发生不同程度的氯化物超标现象，其中 1987 年枯季陈行水库连续不宜取水天数达 13 天，1998 年 12 月～ 1999 年 4 月，陈行水库连续不宜取水天数更是长达 25 天。长江口的咸水入侵严重影响了上海市和江苏省沿江地区的工农业生产和人民生活。

目前上海市从黄浦江的取水总量已占黄浦江一般年份来水量的 20%。研究表明，如继续增加引水量将导致下游河段的污水进一步上溯，从而影响上游取水口处的水质。同时，由于近年来太湖和淀山湖已发展成为中富—富营养型湖泊，加上受黄浦江上游来水水质和下游污染水体上溯的影响，黄浦江水质经常处于Ⅳ类水水质标准，2000 年 6 月初甚至发生水质劣于Ⅴ类水的情况。为了提高黄浦江的原水水质，上海市正在投入巨资对原水进行生物预处理，这在大型城市供水史上是前所未有的。今后，随着城乡一体化的不断发展，上海的原水需求量将进一步增加。根据最新预测，至 2020 年上海市的原水增量将达 595 万 m^3/d。因此，不仅其原水增量需要依靠开发长江口水源来解决，而且为了提高上海市的原水水质，也需要增加利用长江口优质原水的比重。

同时，江苏的通启海地区、常熟、太仓地区对开发利用长江淡水资源也提出了较为迫切的要求。但是，目前长江口南支淡水资源的开发利用不仅受到污水排放的影响，更主要是受到咸潮入侵特别是北支咸潮倒灌的影响。因此，迫切需要通过北支的整治，减轻或消除北支水沙盐倒灌南支，为南支淡水资源的开发利用创造有利条件。

优良的水资源供应是保障人类生存和经济发展的重要前提。目前长江口地区淡水资源开发利用条件的不断恶化，已经成为地区经济进一步发展的制约因素，迫切需要结合长江口的综合治理，减轻或彻底消除北支倒灌对南支水源地的影响，并通过水资源的有效保护，改善淡水资源开发利用条件，以水资源的可持续利用支撑社会经济的可持续协调发展。

31. 长江口的长远整治方向是怎样的？

长江口的综合整治与开发，涉及面广，影响因素复杂。有深水航道治理与维护问题，有深水岸线的维护与有序开发问题，有淡水水源地建设中的边滩水库与江心水库的选址问题，有沪一崇一苏越江通道的河床稳定问题，有北支水、沙、盐倒灌南支问题，有滩涂围垦与湿地保护的协调问题等。不同部门、不同地区之间对长江口的整治与开发的要求也不尽相同。从维护南港北槽深水航道的要求看，需要适当增加白茆沙北水道的落潮分流比，但从维持太仓港水域条件的角度出发，则需保证南水道的稳定；从有利于深水航道稳定的角度看，需要适当增加南港的分流比，但从北港航道发展及上海市岸线资源日趋紧张的形势看，则需保持北港具有足够的涨落潮量；从维护北槽水深条件的角度出发，则需希望能增加北槽的分流量，但从南槽远景航道发展及岸线开发利用的角度看，则需增加南槽的分流比；从消除咸潮倒灌对南支水源地影响的角度看，希望北支尽快衰亡，但从满足通、启、海地区排涝、水资源利用、航运发展及北支生态环境保护的角度，则需在解决北支咸潮倒灌的基础上，维持北支一定的过水能力和航道水深；从满足河势稳定及经济社会发展的需要看，希望尽可能围垦长江口的滩涂资源，但从生态环境保护的角度，则需尽可能保护长江口的湿地资源。可以说，长江口的综合整治问题十分复杂，充满了矛盾。而长江口的自然变化是不可能同时满足不同部门和地区之间的不同要求的，并且随着社会经济的不断发展，兼顾各方面要求的难度也会越来越大。因此，通过统筹规划和合理安排，使长江口向受控制的人工河口转化，是长江口综合整治与开发的长远方向。

根据长江口目前的河势现状、演变规律、发展趋势以及沿岸经济社会发展各部门的发展要求，长江人工河口的长远治理方向应该是：在基本保持长江口目前三级分汊、四口入海的总体河势格局下，通过近、远期整治工程，并结合滩涂的合理围垦，使南支白茆沙河段逐步形成南水道为主汊的双分汊江心洲河型，白茆沙将逐渐出水成岛；长江口的二级分汊维持南港为主汊，南、北港分流大致均衡，使北港向分流通道形态优良、主槽微弯单一、拦门沙水深改善的河道形态转化，南港维持较为稳定的主泓偏南复式河槽形态；北槽河势稳定，航道水深条件优良，南槽航道条件逐步改善，横沙东滩、横沙浅滩及九段沙逐步淤高出水；北支逐步整治为受节制闸控制的人工运河；崇明东滩、九段沙及其他口外滩涂成为长江口生态价值较高的湿地自然保护区。若治理及时、措施科学合理、各部门积极支持、共同努力，相信上述人工河口的长远治理方向一定能实现，也必将极大地促进长江口地区经济社会的可持续发展。

32. 为什么说整治、疏浚、围垦相结合是长江口整治开发的主要措施？

长江口平面呈扇形分汊形态，河道宽阔，边滩、沙洲和水下暗沙众多，这为长江口的主流摆动及河势动荡提供了不稳定的边界条件。同时，由于受科氏力的影响，涨潮流偏北，落潮流偏南，相对宽阔的河道为涨落潮流路的分离提供了空间条件。涨落潮流路的分离一方面使得涨落潮流路之间往往淤积形成暗沙，另一方面使得南北岸之间存在水位差，从而产生横向漫滩水流，在一定的水流和地形条件下，发生切滩而形成新的通道，重新进行流量分配，从而引起滩槽的频繁变迁和河势的动荡。从长江口历史演变过程来看，长江口总体河势演变表现为主流南偏、沙岛并岸、河宽缩窄、河口外延。尽管经过长期的发育过程，长江口已从漏斗状的河口湾演变成现在的分汊河口，口门宽度由2000～3000年前的180km，束窄到现在的90km左右。但徐六泾以下的河口仍处在不断的束窄过程之中。也就是说，现在的长江口河槽还过于宽阔，南北支、南北港和南北槽仍分布着众多的水下暗沙。这些暗沙的游移不定，常常导致长江口河势产生较大的变化。近50年来长江口围垦造地近800km^2，这些围垦工程的实施，形成了徐六泾人工节点，促进了南支上段的河势向稳定方向发展；促进了江中沙岛的合并，减少了河道的分汊，使南港和北港上段形成了较固定的河道边界，对长江口的河势稳定起到了积极的作用。因此，结合河道整治，适当围垦滩涂，逐步合理缩窄河宽，既符合长江口的自然演变规律，也是加速长江口河势向稳定方向发展的主要工程措施之一。

由于盐淡水的交汇作用，使得上游挟带的大量细颗粒泥沙在河口口门附近形成絮凝沉降，从而在长江口口门形成一个横亘90km、滩槽相间的拦门沙系，其自然水深基本维持在6m左右。为满足航运发展的需要，必须通过整治，增深其航道水深。但由于河口地区河道比降平缓，且风浪掀沙往往易引起航道骤淤，加之拦门沙区域也是河口最大浑浊带所在区域，泥沙浓度较高，易于在此落淤。因此，必须整治与维护性疏浚相结合，才能达到预定航道整治目标。同时，结合大量疏浚土方吹填，一方面可以抬高水下暗沙的滩面高程，减少加入航道的泥沙，另一方面则可以取得大量的土地。综合而言，整治、围垦、疏浚相结合，是长江口综合整治与开发的主要措施。

33. 长江口的整治为何要保持长江口“三级分汊、四口入海”的总体河口形态?

长江口目前三级分汊、四口入海的河势格局是在漫长的演变过程中逐渐形成的,是长江巨大径流量和输沙量的动力与近海潮汐动力两者相互作用的结果。目前,南支分流比在95%以上,北支目前分流虽然在5%以下,但0m以下河槽容积仍达15亿m^3左右,对两岸仍然起重要的引排水通道作用,河道自然衰亡仍将经历较长的过程。北支河段北岸的江苏通、海、启地区的引排水系统基本上呈西引南排或东排的格局,南岸的崇明岛为南引北排,两岸均将北支作为主要的排水通道,沿线共有引排水闸23座。其中崇明沿北支的10座水闸担负着崇明岛约三分之一面积的排水,如果考虑对北支进行封堵或任其衰亡,不仅会导致江苏通启海地区和崇明岛的水系大调整,同时对北支生态环境的影响也很大。同时,根据通启海地区需水预测及水资源平衡分析成果,南通的通启海地区近期、远期的水质型缺水均较为严重,如从西部引江解决启东、海门两市临江地区的缺水问题,不仅工程规模大,而且由于引水线路长,水质污染严重,沿线渗漏损失大,加上管理难度大,其水量和水质均得不到可靠保障,迫切需要通过改善北支上段的引淡条件,开发利用北支淡水资源,优化南通市的淡水资源配置。因此,为满足经济社会发展和长江口生态环境保护的要求,长江口的整治应采取有效措施,维持目前南北支的分流格局。

目前,南、北港和南、北槽的分流比基本各占50%左右,均具备很强的生命力。沿岸国民经济设施基本与上述河势格局相适应。根据通过长江口航道的船舶数量、类型、吨级的现状分析,并充分考虑国际运输船舶发展的大型化趋势和各类船型吨位构成的合理性,预计2010年通过长江口的船舶总数为13.26万～13.77万艘,2020年为15.1万～15.66万艘。目前实际通过能力为全年可通过5万t以上船舶55128艘次,平均每天可通过 152 艘次。对比预计通过船舶总数和实际通过能力，2010 年必须将通过南港北槽航道的部分 1 万载重吨以下的船舶分流到北港或南港南槽航道进出，2020 年必须将通过长江口航道的部分 1 万～3 万载重吨的船舶分流到北港航道进出。因此，从满足长江口航运发展要求这一主要治理目标来看，既要保持南、北港相对均衡的分流态势，又要在保持北槽深水航道水深稳定的同时，维持南槽的稳定。

因此，对长江口的河势控制，宜基本保持目前三级分汊、四口入海的总体河势格局。

34. 什么是“治导线”？为什么说河口整治的治导线规划需要动态调整？长江口治导线规划对长江口的综合整治与开发有何指导作用？

治导线是河口地区实施河势控制工程后，河道稳定平面形态的轮廓线，也是河口地区布置整治建筑物及滩涂圈围的规划边界线。治导线的确定应统筹考虑长江口地区国民经济各部门的需要，顺应河道发展的自然规律，因势利导，控制河势的稳定，并充分考虑河口地区防洪（潮）安全、生态建设等方面的综合要求。

由于长江口仍处于河宽不断缩窄的过程之中，河道的成形与稳定将经历较长的时期。随着河道整治工程和滩涂圈围工程的实施，长江口的纳潮量将相应减小，河道随之产生调整，河宽将进一步缩窄，直至达到纳潮量与河道断面形态的相对平衡状态。加之沿岸社会经济发展对河道整治与水土资源开发将不断提出新的要求。因此，长江口的治导线规划必将是一个动态的、不断深化的过程。

治导线规划既是各河段整治和各专业规划的控制性规划，又与各专业规划密切相关。治导线规划需充分反映各河段整治和长江口水土资源开发利用的各方面的要求，妥善处理好南北支、南北港、南北槽河势控制，各专业规划之间，以及各地方和各部门之间的相互关系。在治导线规划研究工作中，要从宏观上把握长江口的总体河势变化规律，根据长江口河势控制的总体目标，因势利导地提出长江口治导线的总体轮廓和河道形势，规定各河段的整治河宽，确定各分流口门的位置和平面形态，界定河道缩窄及滩涂围垦的边界线。因此，治导线规划是长江口河势控制总体规划的核心内容，它不仅可指导长江口河道整治方案研究方向和总体布置，而且对航道治理、滩涂开发利用、水源地建设有重要的指导作用。

35. 为什么要将“稳定节点、控制分流口、固定暗沙、适度缩窄河宽”作为南支河段河道整治的主要措施？

徐六泾节点形成后，对上下游河势的稳定起到了很好的控制作用。但由于节点段导流岸线较短，上游河势的变化，仍会导致出徐六泾节点后的主流方向发生变化，从而影响到白茆沙的稳定和白茆沙南北水道的稳定。因此，必须采取工程措施，进一步加强徐六泾节点的控制作用。此外，七丫口附近是南支河段除徐六泾以外的又一束窄段，-5m 槽宽约为 4.5km。若通过工程措施，使七丫口附近逐步形成徐六泾以下的又一人工节点，则将对下游河势的稳定起到很好的控制作用。

长江口目前的分流口主要有南北支分流口、南北港分流口和南北槽分流口。徐六泾节点的形成和崇明岛头护岸工程的实施，使南北支分流口已得到基本固定。南港北槽深水航道的建设，通过九段沙头的分流口整治工程，也基本固定了南北槽的分流口。但南北港分流口目前仍处于自然演变状态。从南支河势演变过程来看，长江口南支下段河势变化剧烈的主要原因是由于南、北港分流口周期性上提下挫并产生新的分流通道所引起的。由于南港（或北港）上口通道形成后逐步下移、偏转、扭曲、萎缩，直至泄流不畅，此后往往通过切滩形成新的上口分流通道取代老通道，并相应产生大量底沙集中下泄，对下游河势造成严重的威胁。因此，固定南北港分流口和稳定分流通道是下游河势稳定的必要条件。

南支下段分布有众多暗沙，这些沙体可冲易动，沙体的变化直接对航槽的稳定构成威胁。此外，长江口江面宽阔，涨落潮流路不一致，南北分流汊道之间的横向漫滩水流常是导致局部滩面发生切滩的主要动力因素。因此，在整治规划中应采用固定暗沙的整治工程措施，防止因横向水流引起的切滩导致河势发生大的变化。

目前长江口仍处于不断束狭的演变过程之中。河道宽阔，水下暗沙众多，河道边界不固定，为长江口的主流摆动、河势动荡提供了足够空间和不稳定的边界条件。因此，通过合理的滩涂围垦措施，适当缩窄河道宽度，固定洲滩和暗沙，稳定主流流向，对促进长江口河势向稳定方向发展是十分有利的，也是长江口河势控制的主要措施之一。

36. 既然徐六泾已经形成人工节点，为何还需要开展徐六泾节点整治工程？徐六泾节点整治工程主要由哪些部分组成？实施后有哪些作用？

徐六泾节点的形成大大增强了对河势的控制作用，但由于仅徐六泾标一处宽度为 5.7km，以下左右岸边界均可冲易动，节点控制作用还不够充分，上游河势的变化仍将影响白茆沙南北水道的入流情况，从而影响白茆沙南北水道和下游南北港分流口的稳定。为了稳定南支河段的河势，减小上游南通河段河势变化，特别是宽阔的通州沙水道河势变化可能给南支河段河势稳定带来的不利影响，增强徐六泾节点的控制作用，因此需加紧开展徐六泾节点的整治工程。

根据《长江口综合整治开发规划要点报告（2004 年修订）》，徐六泾节点整治工程主要由北岸的新通海沙圈围工程、白茆小沙上沙体潜堤工程、白茆小沙下沙体圈围成岛工程、白茆沙护滩导堤工程、东风沙导堤工程、扁担沙上段潜堤工程及新南门通道护底工程等工程组成。

徐六泾节点推荐整治工程方案的效果可归纳为以下几个主

要方面：

(1)工程后，徐六泾深槽流速总体上有所增加，白茆小沙副槽上段流速略有减小、中段流速（工程段）有一定幅度的增加、下段（出口段）流速有所减小，说明工程后徐六泾深槽水流动力明显增强，且可维持白茆小沙副槽的水动力条件。

(2)工程后，白茆沙北水道落潮水流动力有所增强，而新浏河沙南侧的新宝山水道落潮分流比也有所增加。总体上看，工程后水流动力条件的变化将有利于维护南支河段河势的稳定，有利于维护深水航道的安全运行，有利于南支航道的开发。

(3)工程后，对海门港、常熟港、苏通大桥、南通江海港区以及中远国际城等重要已建工程的正常运行不会产生明显不利影响。

(4)工程后，局部河段水动力条件发生变化，流速有所增大，应实施护岸保滩工程措施。石洞口以上河段低潮位有所抬高，对太湖流域的防洪排涝可能有一定的影响，下阶段应进一步优化工程方案，尽量减小不利影响，并安排必要的排涝补偿工程。

(5) 由于南支上段河势的变化将影响到南支下段河势的演变，下阶段应深入研究南支上段整治工程的实施将对南支下段河势演变的影响。

37. 为什么说七丫口附近有可能形成徐六泾以下的又一人工节点？为何要加速七丫口人工节点的形成？

白茆沙南北水道汇流区在20世纪60年代以来，就基本稳定在七丫口附近。由于南北水道水流会合后，水流能量集中，河槽向窄深方向发展，使得七丫口附近有向节点段发展的趋势。但由于北岸边界还未固定以及扁担沙滩面高程还较低，通过河道的自然演变形成较稳定的节点还需经历一段较长的时间。需要通过整治措施，适当缩窄该段河宽，使其逐步成为徐六泾以下又一人工节点，以促进南支下段的河势稳定。

根据长江中下游干流河段的河道演变情况及河势控制工程实施经验，不论是天然节点还是人工节点，在促进河势稳定方面都能发挥重要的控制作用。在节点的控制作用下，促使上游河段进入下游河段的主流变幅减小，从而不同程度地减轻上游河段的河势变化对下游河段河道演变的影响，并使上、下游河段成为相对独立的河道单元。因此，节点段的控制与稳定在河道整治工程中具有重要的地位。从徐六泾人工节点形成以来南支上段河势变化的情况看，它对促进南支上段白茆沙河段向相对稳定的分汊河段方向发展发挥了十分重要的作用。目前七丫口附近河道仍较为宽阔，北岸边界为可冲易动的水下暗沙——扁担沙，冲淤变幅较大，常导致白茆沙北水道的平面形态和走向发生较大变化，引起白茆沙北水道下段产生较大的冲淤变化，影响白茆沙南、北水道的分流形势，并影响进入南支下段汇流后的主流走向。同时，由于扁担沙在漫滩水流的作用下，频繁发生切滩现象，曾经多次导致了进入北港的分流通道产生周期性的变化，这种变化也直接导致了南、北港分流口的周期性上提或下移。因此，通过工程措施，加速七丫口段向稳定的人工节点方向转化，不仅对南支上段白茆沙河段向稳定的分汊河段发展具有重要作用，更重要的是它对南支下段特别是南北港分流口和分流通道稳定将发挥直接的控制作用。

38. 为什么要抓紧进行南北港分流口的整治？整治后对“深水航道”的稳定有哪些作用？

南北港的河道演变与南北港分流口及主泓的变化有着密切的关系。分流口沙体的移动和冲淤变化，往往导致南北港分流分沙格局的改变，从而导致南北港河道已有冲淤平衡的破坏，造成河床的冲淤变化。从历史演变过程看，当分流口主流北摆，深泓指向北港时，则北港河槽容积减小，相应南港河槽容积扩大，反之亦然，且南北港之间具有“大冲必有大淤，没有大冲则没有大淤”的此消彼长的相互关系。从河道历史演变规律来看，每一次南北港分流口的大变化，均影响到南北港和南北槽河势稳定和入海航道的畅通。

目前，北港上段主槽偏北、下段主槽偏南，尚属较为有利的平面形态，南港维持主流偏南的稳定河势，南北港分流口尚处于有利位置和平面形态。但目前已经出现了不利于南北港分流口稳定的变化趋势，南北港分流口仍在不断下移，通北港的新桥通道随之不断偏转扭曲，河槽容积减少，扁担沙尾已出现切滩，并形成新的新桥通道和新的拦沙头，新浏河沙切滩后形成的新宝山北水道不断发展并已成为通南港的主要水道。如不及时加以治理任其变化，将可能又一次引起南北港分流口大幅度变化，从而影响南北港河势的稳定，并影响北槽深水航道进流条件的稳定。因此，迫切需要加紧开展南北港分流口的整治。

根据《长江口综合整治开发规划要点报告(2004年修订)》的研究成果，南北港河段规划整治工程包括新浏河沙潜堤工程、扁担沙下段潜堤工程、瑞丰沙潜堤工程、中央沙和青草沙圈围工程、南沙头通道护底工程、瑞丰沙潜堤工程等。整治工程实施后，南港分流比略有增加，新宝山水道分流比增加，南、北槽分流比基本维持现状。在整治工程的作用下，南北港分流口的位置将得以长期稳定，可以避免分流口的急剧变化导致暗沙的大幅冲淤和切滩所产生的大量底沙运动引起南港或北港发生“大冲、大淤”，可以改善南港分流通道——新宝山水道的稳定和航道条件的改善，可以使分流北港的通道——新桥通道得以维持相对优良的平面形态，并防止产生分流北港的新通道的产生，有利于使北港形成上段偏北、下段偏南的微弯形优良河势。可以维持瑞丰沙沙体稳定，并避免瑞丰沙尾的切割对北槽进口的航槽稳定和进流条件带来不利影响。

39. 什么叫北支倒灌？北支咸潮和泥沙倒灌南支是如何形成的？北支倒灌有哪些不利影响？

北支为一喇叭形河道，从北支宽阔口门处进来的大量涨潮流受河道平面形态的约束和北支中上段较高河床地形的阻力影响，北支潮波剧烈变形，在南、北支交汇处的崇头附近，枯季大潮期北支高潮位常高于南支，低潮位低于南支，从而导致北支高含盐度、高含沙的涨潮流随潮进入南支，也就是人们常说的北支倒灌现象。

根据长江口的潮波特性，北支涨潮流先涨，南支后涨。由于北支河道呈喇叭口形态，以及上中段河床淤积严重，河床阻力大于南支，潮波向上的传播速度较南支慢。南支涨潮流达到北支进口崇头时，北支涨潮流大约才到达青龙港附近。在枯季大潮时，由于北支涨潮动力强劲，径流作用相对减弱。因此，当南支开始落潮时，达到北支青龙港一带的涨潮流仍然具有足够的动力向上传播，这时由于南支的潮位已低于北支，从而导致北支高含盐、高含沙水流随涨潮流进入南支。

北支倒灌所带来的不利影响首先突出表现在对南支淡水资源开发利用的影响。由于北支潮波变形剧烈，北支水流属强混合型，导致北支上段枯季大潮期的含盐度很高，高含盐水流（盐水团）倒灌进入南支后，随南支落潮流向下输移和扩散，从而使得南支沿岸的取水口附近的含盐度超标，达不到饮用水的原水水质标准，从而影响沿岸地区，特别是上海市的城市用水。如1979年大通站出现了历史上的最小流量4620m^3/s，导致南、北港咸潮上溯强度大增。同时，北支咸潮又连续大量倒灌南支，咸潮入侵波及范围达常熟市的望虞河口，徐六泾以下江段遭受咸潮侵袭时间长达5个月之久，北港堡镇和南港高桥两站含氯度超标（大于250mg/L，下同）的天数分别达170天、146天。

北支倒灌带来的另一方面的不利影响是北支倒灌的泥沙对南支河势稳定的影响。由于北支含沙量明显大于南支，甚至可以达到南支十几倍，倒灌进入南支的高含沙水流在南支输移沉积，导致南支的分流通道和水下暗沙泥沙运动频繁，一定程度上加剧了南支河段的河势变化。同时，北支倒灌的高含沙水流主要沿白茆沙北水道下泄，导致北支倒灌的部分泥沙首先在白茆沙北水道淤积。从南支长期演变规律来看，当白茆沙北水道发展时，则有利于主流顺畅地进入南港，这种河势条件更有利于两岸经济社会的发展要求，也是长江口整治规划希望实现的河势控制目标，白茆沙北水道的淤浅不利于河势的控制与稳定。因此，北支泥沙倒灌对南支河段的河势稳定及有利河势的控制带来了一定程度的影响。

40.既然北支河道处于持续萎缩状态，为何不能将北支堵塞，以彻底解决北支倒灌问题？

北支西起崇明岛头，东至连兴港，全长约83km。河段平面形态弯曲，弯顶在大洪河至大新河之间，弯顶上下河道均较顺直，弯顶以上平均河宽约2.3km，弯顶以下平均河宽约6.2km，出口连兴港处江面宽度约12.0km。北支是长江口的一级汊道，历史上曾经是长江径流的入海主通道。18世纪以后，由于主流逐渐南移，长江主流改道南支，同时由于上游河势的变化以及人工圈围的因素，北支的进流条件恶化，进入北支的径流逐渐减少，导致北支河道中沙洲大面积淤涨，河宽逐渐缩窄，北支逐渐演变为涨潮流占优势的支汊，分流比从1915年的25%减至1958年的8.7%。据统计，1915～1958年，北支两堤之间的面积缩小了23.2%，吴淞基面4.5m以下河床共淤积14.54亿m^3，容积减少27%。1970年以后，徐六泾对岸江心沙北水道的封堵，使径流进入北支的线路由两条减为一条，导致北支进流条件进一步恶化，河床不断淤积萎缩，目前分流比已在5%以下。北支由于进流条件恶化，已成为涨潮流为主的河道，涨潮流挟带的泥沙落潮时不能全部挟带出海，使得北支河道不断淤积萎缩。

北支总体呈现淤积萎缩趋势，但由于影响北支演变的因素复杂，局部区域在局部时段会出现一定的冲刷，如1978～1983年的北支上段以及1998年至今的北支中、下段。特别是1998年以后北支中下段河槽冲刷，河床容积增加，并向上游发展，目前已延伸至北支进口段。目前北支0m以下河槽容积仍达15亿m^3左右，加之目前的淤积速率已大为减缓，因而其自然衰亡仍将经历较长的过程。

同时，由于北支河段北岸的江苏通、海、启地区的引排水系统基本上呈西引南排或东排的格局，南岸的崇明岛为南引北排，两岸均将北支作为主要的排水通道，沿线共有引排水闸23座。其中崇明沿北支的10座水闸担负着崇明岛约三分之一面积的排水，如果考虑对北支进行封堵或任其衰亡，不仅会导致江苏通启海地区和崇明岛的水系大调整，同时对北支生态环境的影响也很大。加之通、启、海地区社会经济发展迫切需要改善北支的淡水资源开发利用条件。因此，近期需要采取有效措施，一方面维持北支的排水功能，减缓北支淤积速率，另一方面减轻北支倒灌影响而不能简单地采取堵塞北支的措施，以彻底解决北支的咸潮和泥沙的倒灌问题。远期应在北支缩窄整治的基础上，采取建闸或其他可行的方案，彻底解决北支目前存在的主要问题。

41. 为什么要将“减轻或消除北支倒灌、延缓北支淤积速率、改善航运条件、科学开发滩涂资源”作为北支的综合整治目标？

北支由于进流条件恶化，已成为涨潮流为主的河道，目前落潮分流比不足5%，河道呈现淤积萎缩的趋势。北支径流量的减小导致河段涨潮流动力增强，落潮动力减弱，致使北支涨潮流挟带的高含沙、高含盐水流进入南支。这不仅影响南支的河势稳定，而且也影响南支沿岸地区的淡水资源开发利用。20世纪90年代以后北支咸潮倒灌又有加重的趋势。尽管长江口地区水资源总量较为丰富，但在长江枯水期出现的咸潮入侵造成黄浦江下游河段和长江徐六泾以下河段水质不符合饮用水和工农业用水的标准，使长江口地区正日益成为典型的水质型缺水地区。上海作为特大型的国际大都市，供水安全必须得到有效的保障。目前，黄浦江上游水源供水已至极限，上海扩大从长江口取水，加大长江口水源地原水供应量已迫在眉睫。上海必须具有从黄浦江和长江口取水的双水源地配置，这不仅是增强上海城市综合竞争力的需要，也是上海城市发展不可缺少的重要基础设施之一。同时，江苏的通、启、海地区、常熟、太仓地区对开发利用长江淡水资源也提出了较为迫切的要求。但是，目前长江口南支淡水资源的开发利用不仅受到污水排放的影响，更主要是受到咸潮入侵特别是北支咸潮倒灌的影响。因此，在北支的近、远期整治工程方案研究中，应将减轻或消除北支咸潮倒灌作为北支的综合整治目标之一。

北支河段北岸的江苏通、海、启地区的引排水系统基本上呈西引南排或东排的格局，南岸的崇明岛为南引北排，两岸均将北支作为主要的排水通道，沿线共有引排水闸 23 座。其中崇明沿北支的 10 座水闸担负着崇明岛约三分之一面积的排水，而崇明岛的西缘及北缘永隆沙以下近年滩岸不断淤涨，不利于排灌设施的正常运行。由于北支河道在自然情况下，总体呈现淤积萎缩趋势，1958 ～ 2001 年，北支-2m 以下河槽容积减小幅度达 52.3%，上段减小的幅度更高达 88.8%。如任其进一步发展，北支的衰亡将不可避免。一旦北支衰亡，北支沿岸地区现有的引排功能将受到严重影响，需对整个区域的引排水系进行大调整，不仅工程规模浩大，而且社会影响面也大，工程的实施极为困难。因此，有针对性地采取有关工程措施，通过系统整治，减缓北支淤积萎缩速率，在一定时期内维持北支的引排水功能，是北支综合整治目标之一。

北支的航运事业有着悠久的历史，近代航运起于 1888 年始建的青龙港。到 20 世纪 90 年代以前，北支已共有码头 10 座，且通过沿江 23 条通江河道的通航闸孔，沟通北支与内河的水上交通运输，形成了一个较为密集的水陆运输网络。当时北支的航运事业对南通东部地区社会经济的发展曾起到积极的推动作用。到了 20 世纪 90 年代末，随着北支河道的逐年淤浅，水道航运条件不断恶化，安全隐患突出，各条航线相继停航。随着沪崇苏大通道及苏通大桥的立项建设，未来启东海门及苏东地区必将成为接受上海经济技术辐射的桥头堡，完善现代化交通网络将是地区经济腾飞的基本保证，水运必将在综合运输网中担任重要角色。

据南通市交通部门的预测，东部沿江地区、近海地区分散的小批量杂货运输和长江驳船与海轮的装载中转，货源充足、前景看好。随着北支沿岸地区社会经济的快速发展以及南通市“以港兴市”战略的实施，迫切要求结合北支的整治，恢复、拓展北支水运功能，逐步改善航道条件，以支撑地区社会经济的高速发展。

北支在历史上曾多次对淤积萎缩的支汊进行了封堵，使江中沙洲加快了并岸的速度。近30年内圈围的沙洲就有灵甸沙、圩角沙、永隆沙、新隆沙等。目前，北支河宽虽然不断缩窄，但北支中下段的河道仍然较宽，出口连兴港断面河宽达12km，两岸仍然存在大面积的滩涂。这些滩涂的存在使水流分散，流速减低，加速了北支的淤积萎缩，同时也给两岸的国民经济设施的正常运行带来了不利影响。据2001年资料统计，北支0m等深线以上的滩涂共有1.21万hm^2（18.14万亩），2m等深线以上的滩涂共有1.70万hm^2(25.44万亩)。特别是新隆沙以下的暗沙群在新隆沙右汊进口封堵以后，淤涨并岸的速率大大加快，为并岸圈围创造了有利条件。到2010年，长江口地区人口将达到2753万，即使不考虑经济建设占用的耕地，按现有面积107万hm^2(2000年)计算，人均耕地面积将由目前的0.040hm^2（0.6亩）降至0.039hm^2(0.58亩)，相当于在现有人口条件下耕地面积减少3.6万hm^2(54万亩)。而同期为满足经济建设以及将上海市建设成为国际性大都市的需要，需新增各类土地总计约4.87万hm^2(73万亩)，土地的紧缺显而易见。如果没有切实可行的措施解决这一矛盾，势必影响到长江口地区国民经济的可持续发展。因此，结合河道整治工程，开发北支滩涂资源，是缓解土地紧缺问题的有效途径。

42.以往对北支整治进行了哪些整治方案的研究？什么是北支“阻隔型”整治方案？什么是北支“半阻隔型”整治方案？什么是北支“开敞型”整治方案？各有什么优缺点？

关于北支的综合整治方案，上海院等单位多年来开展了大量的分析研究工作，进行了多方案的研究与比选。这些方案综合起来可概括为3种类型共6个方案，即阻隔型（圩角沙封堵方案、圩角沙—连兴港水库方案、圩角沙—新隆沙水库方案）、半阻隔型（新隆沙闸坝方案）及开敞型（连兴港缩窄方案、全河道缩窄方案）。

(1)阻隔型方案

3个阻隔型方案的主要优点是基本或完全隔断了南、北支的水力联系，能彻底防止北支咸潮、泥沙对南支的倒灌。对两个水库方案，两坝间可形成淡水水库，有利于北支沿岸淡水资源的开发利用，且库内航道条件将得到改善。

由于阻隔型方案对北支自然条件改变较大，相应也带来了一系列的负面影响：对圩角沙封堵方案，工程实施后，坝下河道将加速淤积，北支航运功能将基本丧失，且坝下近80km的河道水体将常年呈高含盐状态，对北支沿岸的淡水资源利用将产生严重影响；对圩角沙—新隆沙水库方案，闸下受潮波反射的影响，高潮位大幅度升高，闸下启东沿线堤防需进行大规模的加高加固，对防洪(潮)安全不利。由于水库排涝限制水位高于设计排涝潮型的平均潮水位，对排涝影响较大。闸下河道淤积加剧，长距离的河道淤积问题将难以解决。同时，闸下将常年维持高含盐水体，对启东沿岸的引淡水影响较大，对生态环境也将带来一定程度的不利影响；对圩角沙—连兴港水库方案，由于下闸址离外海较近，对防洪(潮)的影响有限，但北支沿岸大部分水闸处于库内，由于水库运行水位的抬高，对沿岸的排涝影响较大，特别是对北支生态环境的影响较大。因此，原长江口综合开发整治领导小组科技组于1986年4月对《长江口北支封堵可行性初步研究报告》的审查意见中，建议在编制《长江口北支综合开发整治规划报告》时，应着重研究开敞式方案，即连兴港缩窄工程方案。

(2)半阻隔型方案

半阻隔型方案（即新隆沙闸坝工程方案）的主要优点是通过

水闸的合理调度，彻底防止北支咸潮、泥沙对南支的倒灌。

新隆沙闸坝工程方案是在新隆沙断面建闸坝工程，在涨潮时关闸，隔断北支水沙进入南支及南支涨潮流进入北支，此时北支相当于起蓄水水库的作用。但由于该方案大幅度缩窄了北支的河道宽度，闸上是否会加速淤积需深入研究，慎重对待，闸下的加速淤积将不可避免，闸下长距离的河道淤积问题将难以解决。同时闸下受潮波反射的影响，高潮位大幅度抬高，对防洪(潮)影响较大，需大规模加高加固闸下堤防。同时低潮位的抬高及河道的加速淤积，将对沿岸排涝带来较大影响。此外，涨潮时南支涨潮流进入北支，落潮时由于受闸坝的壅水作用，闸上约 5.1 亿 m^3 水体中部分水流倒灌南支，南、北支间水体交换频繁，流态较为复杂，不利于南支河段的河势稳定。由于闸孔尺寸较小，落潮时下泄的冲淡水量较为有限，因而闸下长约 32km 的河道将长期维持高含盐水体，对闸下引淡水将带来不利影响。对生态环境的影响也较大。

(3)开敞型方案

开敞型方案共研究了连兴港缩窄和全河道缩窄两个方案。连兴港缩窄方案，即从新隆沙至连兴港段在崇明岛北缘进行圈围，改善北支喇叭口的河道形态。通过河口缩窄，减少河道的纳潮量，从而减少北支涨潮流挟带进入北支的沙量，减少水沙对南支的倒灌，减缓北支的淤积速率。该方案对北支两岸的水利系统以及社会、生态环境影响较小，但未能彻底解决北支对南支的倒灌问题；全河道缩窄方案是在连兴港缩窄方案的基础上，对北支全河道的断面和平面走向进行了优化，对北支上段局部边滩进行了小范围的圈围，通过河道断面和平面形态的改造，期望维持一条 3000 ～ 5000 吨级的通航河道。该方案的整治效果及相关影响与连兴港缩窄方案相近。但由于北支下段及出口口门涨落潮流速均减小，可能会加重北支下段及出口口门的淤积，维持 3000 ～ 5000 吨级航道的整治目标难度很大，需进一步深入研究。

43.北支近期整治为什么要采用“缩窄方案”？缩窄方案实施后是否会加速北支的衰亡？

根据北支河道的演变特征及目前存在的主要问题，要制定合理的整治方案，逐步实现北支的综合整治目标，应根据河道演变分析研究成果及有关的实测资料，弄清北支泥沙的主要来源，分析造成北支淤积萎缩以及北支咸潮倒灌南支的主要影响因素。

通过分析含沙量的时空变化可见，无论枯季还是洪季，北支含沙量均远高于南支，为南支含沙量的 3 ～ 10 倍，甚至更高；洪季大、中潮期连兴港含沙量明显大于青龙港，枯季大、中潮期连兴港含沙量明显小于青龙港；北支大、中潮期的含沙量远高于小潮期，且大、中潮期洪季与枯季的含沙量较为接近。这些现象说明北支泥沙主要来源为口外海域来沙。同时，由于大、中潮期涨潮流速一般大于落潮流速，因此，涨潮时大部分泥沙从北支口外以及北支中、下段被带起，随涨潮流沿北支上溯，落潮时不能全部挟带出海，从而造成北支的淤积萎缩。同时，大、中潮期北支含沙量远高于小潮期，说明北支的淤积主要发生在大、中潮期。综合上述分析可见，造成北支淤积的主要泥沙来源是海域来沙，其主要动力因素为涨潮流的作用，特别是大、中潮期。因此，要减缓北支的淤积萎缩趋势，应从减少外海来沙量，减少纳潮量，缩窄河道宽度，使涨落潮流路逐渐归一等方面着手。

北支平面形态为典型的喇叭形河口，潮波传播时发生强烈变形，尤其是在大、中潮期，北支高潮位高于南支，低潮位低于南支，涨潮历时小于南支，落潮历时大于南支。因此，高、中潮位附近时北支高含沙、高含盐的潮流流向南支，而低、平潮位附近时南支低含沙、低含盐的潮流流向北支。只要南、北支之间存在水体交换，就会导致北支泥沙、咸潮倒灌南支，从而影响南支的河势稳定和淡水资源开发利用。而北支上窄下宽的喇叭口形态及上浅下深的河床形态，是导致北支潮波剧烈变形的主要因素；造成北支枯季盐度背景值较高的原因除了枯季外海盐度较高外，主要是因为北支下泄径流的逐年减少，枯季分流比更小，使得北支缺乏足够的冲淡水的稀释；同时由于北支潮波的强烈变形，导致北支咸潮入侵呈强混合型，易于咸潮的上溯。因此，要减轻或消除北支水、沙、盐倒灌南支，首先应采取工程措施，改变北支河道的喇叭口形态，削弱北支潮波的变形程度，同时尽可能地增加北支的落潮量。

根据造成北支淤积的泥沙来源、动力条件，以及影响北支倒灌南支的主要因素，本次北支整治规划的总体研究思路是：首先考虑通过逐步圈围将北支河道缩窄到合理的宽度，减小河道的放宽率，从而减少北支的纳潮量，削弱北支潮波的变形程度，以尽可能减轻北支咸潮倒灌南支。同时通过北支河道缩窄，减少北支涨潮量，从而减少海域来沙量，并通过河槽形态的改造，逐步使北支涨落潮流路趋于一致，以便将涨潮流挟带上来的泥沙尽可能多地通过落潮流挟带出海，从而减轻北支淤积程度；结合徐六泾节点及白茆沙河段的整治，配合北支进口段改善进流条件的整治工程，适当扩大北支落潮分流量，并考虑可行的工程措施，尽可能拦截口外泥沙进入北支。如果上述措施整治效果仍不理想，则再考虑在适当的位置修建挡盐、拦沙闸，通过合理的调度运行，彻底消除北支咸潮、泥沙倒灌南支，并尽可能减缓北支的淤积速率。通过上述措施，达到消除或尽可能减轻北支咸潮倒灌对南支淡水资源利用的影响，减缓北支淤积萎缩的速率，在一定时期内维持北支引、排水功能，逐步改善北支航道条件的综合整治目标。

整治工程实施后，由于河道缩窄，使河道的水流要素发生了相应的变化，将对本河段的泥沙输移、河床变形产生一定程度的影响。北支大、中、小缩窄工程实施后，北支上段由于涨落潮量减少，涨落潮流速表现为降低，但落潮流速下降的幅度明显小于涨潮流速。由于涨潮流速明显减小，而落潮流速减小的幅度相对较小。因此，整治工程实施后，涨潮流挟带到北支上段的泥沙明显减少。北支大、小缩窄方案下，北支上段青龙港断面枯季 10 天平均含沙量分别下降28.5%、15.8%。缩窄方案对改善北支上段的淤积状态是有利的。同时，由于北支下段进潮量明显减小，口外进入北支的沙量随着涨潮量的减少而大幅度减少，因而在大、小缩窄情况小，北支下段戤滧港10天平均含沙量分别下降了21.3%、23.7%。根据泥沙计算结果，北支上段淤积量明显减小，北支中段冲淤相间，但冲淤幅度较小，北支下段冲刷加剧。对整个北支而言，大缩窄一年内减淤量约5100万t，大于小缩窄的减淤量约3700万t，北支中缩窄方案对延缓北支的淤积效果介于大小缩窄方案之间，与大缩窄方案相近。因此，从总体情况看北支缩窄将在一定程度上减轻北支的淤积，不会加速北支的衰亡。

44.什么是北支建闸方案？为什么说北支建闸越靠近北支口门越有利？

北支建闸方案就是考虑在北支合适的位置修建适当规模的挡潮闸，当北支涨潮时关闭闸门，以防止北支咸潮倒灌南支，彻底消除北支咸潮倒灌南支对南支河段淡水资源开发利用所带来的影响，并阻隔涨潮流挟带的泥沙进入北支上段，以减轻北支上段的淤积；当北支落潮时，开启闸门泄流，利用北支涨落潮形成的水位差，加大北支比降，将北支主槽内淤积的泥沙挟带出海，从而达到减轻北支淤积，刷深主河槽，改善北支通航条件，降低北支水体含盐度的整治目标。

在长江口综合整治开发规划中，分别对在北支上、中、下3个闸址的建闸方案进行了多方面的研究与综合比较。规划研究成果表明，不同建闸方案的主要差别表现在对防洪（潮）和对河势的影响上，特别是在关闸期间。上闸址方案其下游高潮位抬高较小，对防洪（潮）安全影响最小，但对河势的影响较大，闸下淤积的河道最长，闸下水深维护难度很大。闸下几乎整个北支受咸潮控制，改变了北支的水生态环境，对环境和生态的影响大；中闸址方案其下游高潮位的抬高大于上闸址，影响防洪（潮）安全；对河势的影响也较大，闸下淤积河道较长，河道水深维护难度较大；

闸下几乎受咸潮控制，改变了闸下的水生态环境，对环境和生态的影响较大。下闸址方案闸下即为海域，高潮位不抬高，对防洪（潮）安全基本无不利影响，但闸上低潮位抬高影响两岸的排涝；闸上淤积与其运行方式关系十分密切，需深入研究挡潮闸的运行方式，以改善北支上段的淤积；改变了闸上的水生态环境，污染物输移扩散能力减弱，岸边污染物浓度将比工程前有所增加。

上、中、下3个闸址方案综合比较，北支上段建闸的影响要大于北支下段建闸，在北支下段建闸缩短了防洪战线，不会增加防洪压力，避免了闸下河道水域成为咸水湾，不利影响是闸上淤积和污染物输移扩散能力减弱。针对闸上淤积问题可在北支进口采取合适的工程措施，合理安排挡潮闸调度方式，减少长江南支进入北支的含沙量和闸上淤积；污染负荷问题可通过控制排入北支的污染物总量、污水达标排放等措施解决。建闸方案对排水的一些不利影响可通过合理安排挡潮闸运行方式克服。因此，总体而言，北支建闸越靠下游越有利。

长江口河势控制工程总体布置示意图

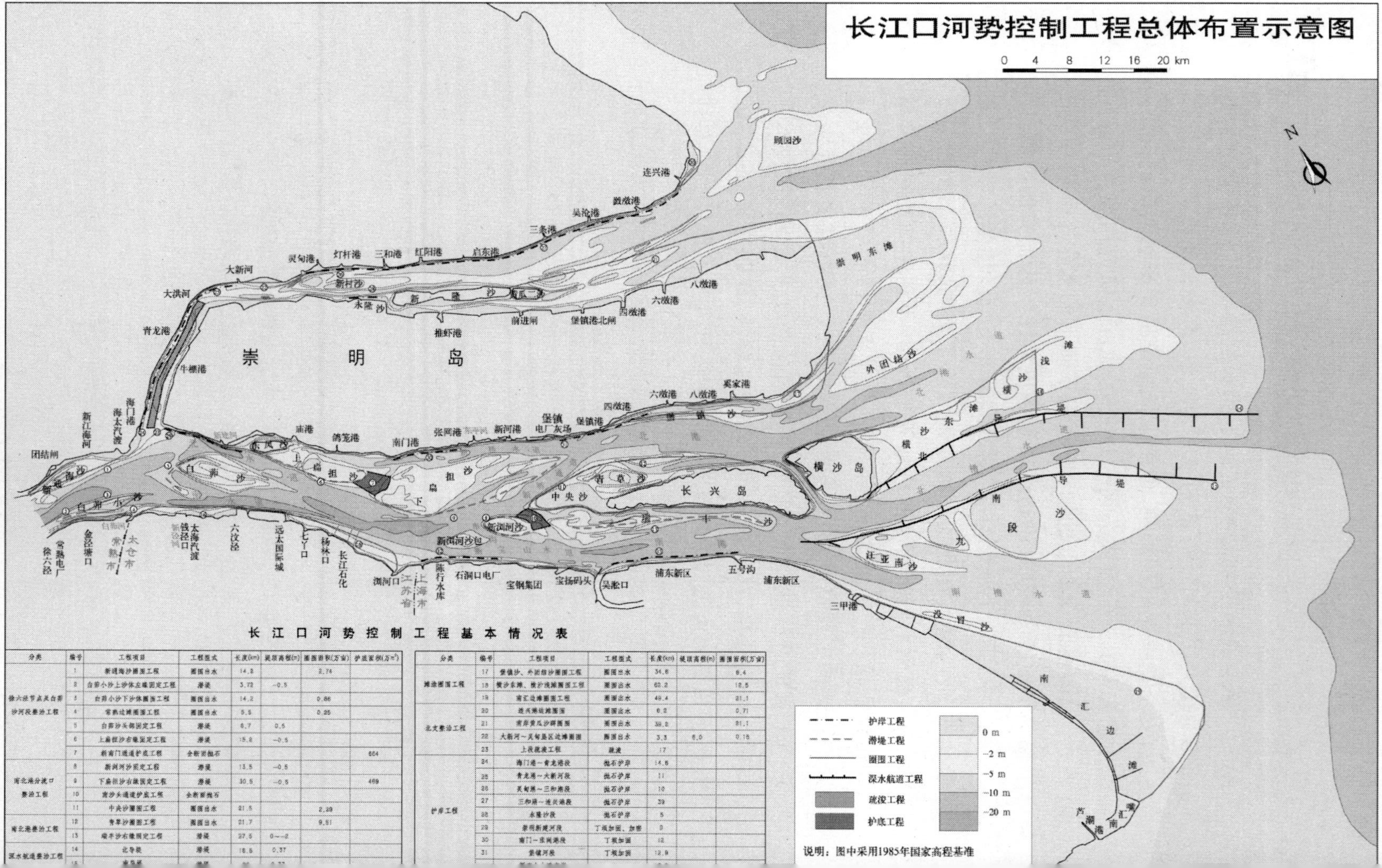

长江口河势控制工程基本情况表

分类	编号	工程项目	工程型式	长度(km)	堤顶高程(m)	圈围面积(万亩)	护底面积(万m²)
徐六泾节点及白茆沙河段整治工程	1	新通海沙圈围工程	圈围出水	14.8		2.74	
	2	白茆小沙上沙体左缘固定工程	潜堤	3.72	−0.5		
	3	白茆小沙下沙体圈围工程	圈围出水	14.2		0.86	
	4	常熟边滩圈围工程	圈围出水	5.5		0.25	
	5	白茆沙头部固定工程	潜堤	6.7	0.5		
	6	上扁担沙右缘固定工程	潜堤	15.8	−0.5		
	7	新南门通道护底工程	全断面抛石				664
南北港分流口整治工程	8	新浏河沙固定工程	潜堤	13.5	−0.5		
	9	下扁担沙右缘固定工程	潜堤	30.5	−0.5		469
	10	南沙头通道护底工程	全断面抛石				
	11	中央沙圈围工程	圈围出水	21.5		2.29	
南北港整治工程	12	青草沙圈围工程	圈围出水	21.7		9.51	
	13	瑞丰沙右缘固定工程	潜堤	27.5	0~−2		
深水航道整治工程	14	北导堤	潜堤	18.5	0.37		
	15	南导堤	[illegible]	[illegible]	[illegible]		

分类	编号	工程项目	工程型式	长度(km)	堤顶高程(m)	圈围面积(万亩)
滩涂圈围工程	17	堡镇沙、外团结沙圈围工程	圈围出水	34.6		6.4
	18	横沙东滩、横沙浅滩圈围工程	圈围出水	62.2		12.5
	19	南汇边滩圈围工程	圈围出水	49.4		21.1
北支整治工程	20	连兴港边滩圈围	圈围出水	6.2		0.71
	21	崇岸黄瓜沙群圈围	圈围出水	39.8		21.1
	22	大新河~灵甸垦区边滩圈围	圈围出水	3.3	6.0	0.15
	23	上段疏浚工程	疏浚	17		
护岸工程	24	海门港~青龙港段	抛石护岸	14.6		
	25	青龙港~大新河段	抛石护岸	11		
	26	灵甸港~三和港段	抛石护岸	10		
	27	三和港~连兴港段	抛石护岸	39		
	28	永隆沙段	抛石护岸	5		
	29	崇明新建河段	丁坝加固、加密	9		
	30	南门~张网港段	丁坝加固	12		
	31	堡镇河段	丁坝加固	12.9		

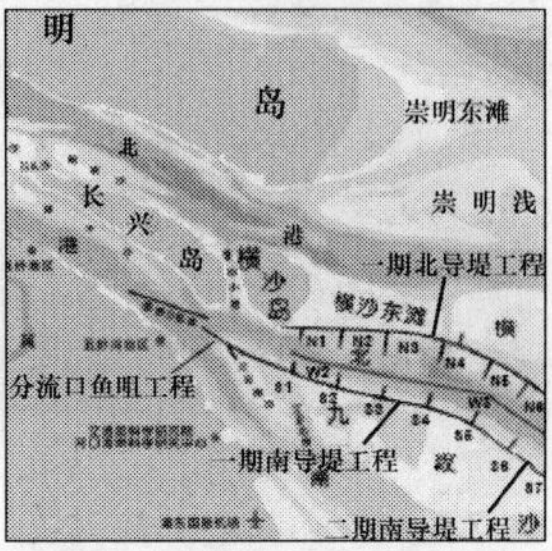

五、长江口航道治理

——百年之梦

（专家：罗晓峰）

罗晓峰，男，安徽人，大学本科，中共党员，教授级高级工程师。

1982 年 7 月毕业于华东水利学院水港系，分配到水利部长江水利委员会工作至今，先后在水利部长江水利委员会设计院规划处、长江勘测规划设计研究院规划处、扬子江工程咨询有限公司工作。长期从事流域及河流规划、工程设计工作，主持和参与了长江流域综合利用规划、清江流域规划、长江中下游干流河道治理规划、长江中下游采砂规划、长江口综合利用开发规划、汉江流域规划、武汉龙王庙防洪工程的设计、长江重要堤防隐蔽工程设计等 100 余个大中型项目的工程规划及设计，个人曾获湖北省优秀设计二等奖。

参与编写的著作主要有《长江河道演变及治理》、《长江中下游堤防工程防渗护岸工程运行维护手册》、《长江志·规划》，曾公开发表了多篇论文。

45. 什么是长江口入海“深水航道”？

在谈所谓的“深水航道”之前，先介绍一下什么是航道。航道是以组织水上运输为目的，在江河、湖泊、水库、港湾等水域可供规定船舶（包括船拖木筏）航行的水域。为满足船舶安全航行，航道必须具备与通航船舶相应的航道尺度、良好的水流条件、跨航道的建筑物应满足通航净空要求这样 3 个条件。

航道尺度主要包括航道水深、航道宽度以及航道弯曲半径。航道水深是航道尺度中非常重要的指标。它在很大程度上反映了船舶载重量的大小。“深水航道”在不同的水运发展阶段有不同的具体含义，它反映了一定历史时期某一区域或世界水运业发展的状况。为适应船舶大型化的发展趋势，各国对许多航道进行了整治，不断加大航道水深。如著名的苏伊士运河 20 世纪 90 年代航道水深从 1980 年前的 15m 增加至 19.5m，目前已增深至 23.5m；又如广州出海航道之——伶仃西航道，1959 年航道水深为 6.9m，1974 年整治到水深 8.6m，1996 年又整治为 10.5m，1998 年后进一步增深至 11.5m。

南京以下长江干流水面宽阔，除局部河段外，航道水深均在 10m 以上，航道条件较好。影响该段通航最严重的区域是长江口的拦门沙。拦门沙区域水深仅 6.0m 左右，连万吨级船舶都不能正常进出，成为控制大船进出长江的卡口。为发展长江航运，基本满足世界骨干航线上运营的主要船舶进入长江口，针对长江口及南京以下河段的航道条件、港口现状及发展情况，经充分分析论证，确定长江口入海航道水深为 12.5m。该段航道水深比天然最小航道水深深 6m 以上，故形象称之“深水航道”。

46. 为什么说长江口“深水航道”是百年之梦？

长江口入海航道长期存在两大问题，一是在长江口口门存在一个巨大的拦门沙，是制约航道加深的主要问题。长江口有北支、北港、北槽、南槽 4 个入海通道，每个入海口均存在一个拦门沙。长江口拦门沙范围巨大，有 40 ～ 60km 长；沙体稳定，滩顶水深长期保持在 6m 左右。多年的实践证明，长江口入海航道依靠疏浚仅能维持 7 ～ 7.5m 水深，且航道维护费用大。二是长江口段河势不稳定，航道多变。长江口河势目前仍处于调整、发展时期，河口持续外延、缩窄，从两千多年前镇江、扬州一带入海，到目前上海入海，共下移约 500km，口门宽度也由 180km 缩窄至约 90km。同时洲滩演变频繁，在 17 世纪中叶形成崇明岛，分长江为南北两支；19 世纪 60 年代北港被冲开，长兴岛分南支为南北港，两汊主支交替频繁；20 世纪 50 年代中期北槽被冲开，形成三级分汊、四口入海的河势格局。随着河势剧烈变化，航槽也不断变迁。

航道是发展水运的基础。鸦片战争后，上海港的航运业务迅速发展，上海港开始步入世界大港口行列，但入海航槽的不稳定却制约其发展。为了改善长江口入海航道，19 世纪末期外国专家就开始研究，提出一些局部改善航道的建议。1918 年伟大的孙中山先生在《建国方略》的计划中就提出了治理上海港和长江口的方案。孙中山认为，应首先解决大量泥沙堵塞航道通路的问题，“凡河流航行之堵塞，必自河口始，故凡改良河道以利航行，必由其河口发端”。他并提出，封南北水道（现北支和南港），整治中水道（现北港）为长江入海航道的构想。20 世纪 20 年代以后，世界航运业发展迅速，长江口航道水深不足，拦门沙浅滩问题日渐突出，为此于 1935 ～ 1937 年对南槽航道进行了疏浚，后因抗战中断而失败。中华人民共和国成立以后，有关单位及大批专家学者就开始着手研究长江口治理问题。1978 年，为了解决宝山钢铁总厂水运问题，开发入海深水航道问题又被重新提上议事日程，1992 年“长江口拦门沙航道演变规律与深水航道整治方案研究”列入国家“八五”科技攻关计划，1994 年正式提出 12.5m 的南港北槽双导堤整治方案。1997 年编制的《长江口综合开发整治规划要点报告》提出南港北槽入海深水航道的治理标准为：

航道水深 12.5m，航道底宽 300 ～ 400m，以满足第四代集装箱船全天候进港，10 万吨级散货轮满载乘潮进港。北槽深水航道治理开发工程，1998 年开始建设，预计 2010 年完成。

从 1918 年孙中山先生提出治理长江口入海航道的构想，到南港北槽入海深水航道三期工程完成，经历了近百年。长江口的入海深水航道的实现，圆了百年之梦。

47. 12.5m 水深的"深水航道"产生的背景及其意义是什么？

12.5m 水深的"深水航道"的产生有着重要的背景，主要表现在：一是全球经济一体化大趋势，促使中国对外经济战略发生重大变化。20 世纪 90 年代，全球经济化进程加快已经成为世界经济发展的主要特点和趋势。经济全球化意味着贸易自由化、投资自由化和金融自由化，中国作为 WTO 成员，已融入世界经济之中。在经济全球化的背景下，中国的对外开放战略已有重大转变，主要表现在从追求提高贸易的依存度到参与国际分工；从扩大商品贸易到同时扩大服务贸易；从在全球范围销售产品到在全球范围配置资源。例如目前上海与世界前 500 家跨国公司都有交往，并与大多数公司有实质性的合作。二是上海及长江三角洲属我国经济发展的核心区域。开发浦东，标志着中国经济发展和改革开放重大的战略布局，形成了以南部沿海、北部沿海和长江流域丁字形经济发展核心地区。上海处于长江流域和沿海地区两条经济发展带的交汇点，是经济发展的龙头，上海经济 10 多年快速发展的事实就是证明。三是上海港的竞争形势严峻。我国周边国家和地区的港口具有较强的竞争能力，吞吐量排在世界前 10 名的就有新加坡，我国台湾的高雄，日本的千叶、神户、名古屋、横滨以及我国的香港。上海港应在竞争中取胜，获得国际主航线的停靠港，否则中国大量货物将在境外中转，这将严重影响上海港的竞争力，还对长江流域的投资环境影响很大。四是船舶大型化的发展，挑战上海港的世界大港地位。上海港开港初期凭借长江口、黄浦江天然水深条件，稍加疏浚就可满足是当时大型船舶进出港要求，使上海港跻身于世界大港之列。受运输规模经济效益的驱使，20 世纪 70 年代以来船舶迅速向大型化、专业化方向发展。举两个例子：以中国远洋公司为例，1965 年进出上海的船舶平均每艘约为 4840t；1973 年进出上海的船舶平均每艘约为 8460t；1977 年进出上海的船舶平均每艘约为 9060t；1979 年进出上海的船舶平均每艘约为 11660t。船舶平均吨位 1979 年比 1965 年增加了 1.4 倍，且速率呈加快趋势。又如据 2003 年世界远洋船舶的统计，远洋原油运输船队以 20 万吨级以上的为主力船型，而成品油以灵便型和巴拿马型为主；散货船，铁矿石运输以 15 万～ 20 万吨级船为主，煤炭运输以 10 万～ 15 万吨级船和巴拿马型散货船为主；集装箱船队保持快速发展的势头，近年来 4500TEU 以上的超巴拿马型船发展迅速，已占集装箱船队运力的 26%，为主力船型。五是长江入海口航道与长江下游航道水深不适应，制约了长江水运业的发展。长江下游南京以下自然航道条件较好，航道水深均大多在 10m 以上，制约大型船舶进入长江“黄金水道”的是入海口航道。入海口航道自然水深仅 6m 左右，采取疏浚措施仅能维持 7m 水深，与长江下游航道不适应，严重影响“黄金水道”的利用。要使上海港能保持世界大港的地位，其基本要求之一就是要有满足世界主要船舶航行的航道。

入海深水航道是建立上海国际航运中心的基础，对促进“三个中心”建设有着重要意义。长江口地区是长江流域和我国的精华地区，对长江流域乃至全国的经济发展推动作用明显。改革开放以来，长江三角洲的经济发展日新月异，尤其是作为龙头的上海市经济发展势头十分强劲，国内生产总值年增长速度近 20%。1992 年党中央提出“以浦东开放为龙头，尽快把上海建设成国际经济、金融、贸易中心之一，带动长江三角洲和整个长江流域地区经济的新飞跃”。长江口地区利用仅占长江流域 1.27%、占全国 0.24%的国土面积，承载了全流域 6.29%、全国 2.12%的人口；创造了占全流域 21.47%、占全国 7.64%的国内生产总值；提供了占全流域42.89%、占全国14.66%的财政收入，在我国经济建设和社会发展中占有极其重要的战略地位。

外贸是建成上海国际航运中心重要的支撑。2003年通过长江口货运总量为34532万t，其中集装箱有1015万TEU；2004年通过长江口货运总量为44630万t，其中集装箱有1281万TEU；2005年通过长江口货运总量为5.5亿t，其中集装箱有1650万TEU。预测2010年长江口货运量为7.2000亿t，集装箱有2400万TEU；2020年货运量为10亿t，集装箱有3600万TEU。

长江口地区临江濒海，海陆兼备，优越的区位条件使得长江口地区成为我国对外联系的重要枢纽和前沿阵地。上海的发展历史充分反映了其区位的优势。上海是在以港立城、城促港兴中发展起来的。把上海建设成国际经济、金融、贸易中心，首先要建设成为国际航运中心。时任总理李鹏在1996年就明确指出，要把上海建成国际航运中心。上海要成为国际航运中心，符合当今国际标准的深水航道是最重要的基本条件之一。

48.四口入海，深水航道在哪里？

长江入海口宽约90km，有北支、南支的北港、南支南港的北槽和南槽四个入海口，选择哪个入海口作为深水航道最合适呢？

入海深水航道的选槽问题，由于宝山钢铁总厂矿石运输问题而引发。1978年有关单位为解决此问题再次提出了长江口航道的选槽方案。随着研究的深入，研究中出现了两大类方案，一类方案是对选定的某一入海口，通过“挖”和整治等工程措施形成入海深水航道；另一类方案是“避开”长江口，采用运河方式形成深水航道及深水港。

第一类方案，主要有南港北槽、南港南槽、北港以及北支方案。

南港北槽、南港南槽、北港方案主要的设计思想是利用双导堤拦截漫滩水流，减轻波浪掀沙的回淤，采用疏挖达到要求水深。北支方案的设想是在北支上下口门建拦河建筑物和通航建造物，阻挡泥沙进入北支，避免泥沙淤积，采用疏浚措施将航道挖至设计水深。北支方案因存在距上海港最远，运行成本较高；出北支后需要穿越南支下段才能到上海，航道安全存在风险；同时入江船舶需过两次船闸，船舶通过能力受到影响；闸下泥沙淤积量大，疏浚成本高等问题，以及北支的环境、引排水也存在一些高成本处理问题。因此与南支3个方案相比，不利条件相对较多，故放弃之。

南支的南港北槽、南港南槽和北港3个方案，总体整治思路基本一致。各方案从区位条件、泥沙沉积、河势演变、工程依托、航槽回淤等方面进行分析，选择一个综合最优的方案。一是从区位优势比较，南槽区位条件较好，其他方面均不及北槽和北港。二是从泥沙的沉积条件比较。从拦门沙长度（以10m水深为标准）比较，北港最短约42km，南槽最长约70km，北槽约60km；从絮凝条件比较，3个入海通道均有絮凝，影响其泥沙絮凝条件主要是水体中盐度分布、含沙量、流速和滞流点。从这几方面看，南槽最有利于泥沙絮凝，其他依次是北槽和北港；三是从工程条件和风浪对航槽的影响来看，北港比北槽有利。但北港存在两大问题，一是北港的区位条件不利，与上海港的发展以及浦东开发区沿江岸线开发利用不相适应；二是在南北港分流口门未整治以前就开发北港为深水航槽，航深难以保证。故选择开发南港北槽为长江口拦门沙深水入海航道。

第二类方案，主要有南汇边滩运河方案和南汇芦潮港人工半岛方案。根据长江口航道治理的要求和上海深水港区建设的需要，以及长江口河势现状，一些单位和专家认为南港北槽方案还存在一些问题，一是方案是以长江口河势相对稳定为前提而提出的，但目前长江口的河势未能得到有效控制，河势并不稳定，而是一直处于急剧变化之中，近期河势变化又有加剧之势，因此，方案在技术上还做不到确有把握。二是港航结合困难。即使方案能够成功实施，也是有航无港。长江口深水岸线不足，难以满足上海国际航运中心的长期稳定发展。若在导堤两侧的九段沙和横沙上建港，技术上的可行性还要深入研究，且投资过大，又与浦东隔水相望，增加了集疏运环节。代表性方案——边滩运河方案的基本出发点是，避开动荡的长江口，在南汇边滩开挖一条人工运河，运河两侧可形成数十公里的深水岸线，一举解决长江口深水航道和上海深水港问题。基本方案是：运河上口接南深槽，并建闸控制，防止长江泥沙进入运河；运河由进口段、运河段、港口段、出口段以及疏浚段组成，全长约83km。

综合各方案，经过长期研究，最终选定南港北槽深水航道方案。1998年国家批准了南港北槽深水航道方案。

49. 国家批准的"南港北槽深水航道"建设总体方案是什么？

《长江口深水航道预可行性研究报告》1995年通过了国家计委、交通部和上海市人民政府联合组织的评审。

可行性研究报告提出的12.5m深水航道整治工程方案，其工程总体设计思想是：抓住长江口总体河势稳定的有利时机，选择河道形态与建设条件相对较优的南港北槽先行治理；通过整治工程稳定目前的优良河势，稳定北槽进口分流比和分沙比，归集漫滩落潮水流和拦截江亚北槽的落潮分流，调整断面流速分布和河槽形态，减小滩槽高差；阻挡北港及两侧滩面来沙对北槽的影响，达到导流、挡沙、减淤的目的，在稳定分流口和北槽河势的前提下，通过疏浚形成深水航槽，并以合理的疏浚维护量维护深水航道，为深水航道开挖和维护创造良好条件。

12.5m深水航道整治工程主要由北槽分流口工程、双导堤工程、丁坝及疏浚工程组成。各项工程的作用为：分流口工程可稳定现有有利河势，阻止江亚南沙后退和圆圆沙航道的下摆，使目前较有利的北槽分流分沙比得以维持，也有利于阻止上游部分底沙进入北槽；北导堤工程可阻挡北港局部来沙对北槽的补给，消弱横沙东滩和北槽的水、沙交换，阻止大风天滩面上底沙及底层高含沙量水体进入北槽。与南导堤一起归顺涨落潮流，增强北槽的水流动力。北导堤在平面上布置成弯道形式，有利于底沙沿东南向输移出口；南导堤工程主要是堵截江亚北槽、九段沙窜沟及滩面的落潮漫滩流，使之改经北槽下泄，增强北槽的落潮动力；丁坝工程主要是束水归槽，调整流速分布，增加航槽水流动力，以减少疏浚维护量；疏浚工程是在整治建筑物的配合支持下，开挖并维护航槽。

12.5m 深水航道整治工程主体工程规模为，北导堤长 49.0km，南导堤长 48.0km，南线堤长 1.60km，潜堤长 3.20km，束水丁坝 19 座，疏浚航道 79.5km。

50. “南港北槽深水航道”为何要分期建设，各期建设内容及目标是什么？

长江口入海航道长期在南港。南港现有两条入海通道，即南港南槽和南港北槽。南港南槽自 19 世纪以来一直是主要通海航道。由于河势的变化，南港北槽 1945 年形成，1958 年具有通海航道条件。随着北槽的形成，南北槽一直处于此消彼涨状况，交替变化周期仅十余年，航槽极不稳定。南港北槽深水航道方案是利用北槽现有航道条件较好的时机，通过工程措施稳定，以达到深水航道的目标。

由于南港北槽深水航道建设与河势变化关系密切，同时有些专家对此工程存有疑虑，认为难以达到 12.5m 水深的航道。为了保证工程的成功，国家批准此工程按“一次规划，分期建设，分期见效。先使长江口水深由现在的 7m 增至 8.5m，见效后再进行下一阶段工程……”的方针建设。

南港北槽深水航道工程建设共分三期。各期建设内容及目标为：

一期工程的建设目标为水深 8.5m。其主要建设内容为：20.01km 的南导堤，超前护底 2.0km；16.5km 的北导堤，超前护底 5.0km；总长 9.18km（6 座）的丁坝；南线堤 1.6km 长和相连的 3.2km 水下潜坝以及 42.5km 航道疏浚。工期为 3 年。

二期工程的建设目标为水深 10.5m。其主要建设内容为，完成全部的导堤工程，疏浚航道至目标水深。

三期工程建设目标为水深 12.5m。其主要建设内容为疏浚。

51. 目前工程进展如何，工程何时竣工？一、二期工程的效果怎样？

长江口入海“深水航道”治理工程，按照国家安排分三期建设。一期工程 1998 年 1 月 27 日开工建设，2001 年 6 月 30 日完工；二期工程 2004 年 4 月 28 日开工，2005 年 3 月底完工，三期工程已于 2006 年 9 月底开工建设，2010 年前完成。

一期工程完成后，通航保证率持续保持 8.5m 的通航水深，并从 2004 年 5 月 10 日以来，通航水深达 9.0m，船舶通过能力大幅增加，理论计算可提高 4 倍。深水航道的维护量维持在经济、合理的水平。整治建筑物和深水航道经受了 1998 年、1999 年特大洪水，以及 2000 年、2002 年和 2004 年等台风多发年的考验，说明整治建筑物结构可靠，能长期运行，整治建筑物和航道的设计和施工方案是成功的。

二期工程已达到预期效果，10.5m 已贯通，船舶通过能力进一步增加。

一、二期工程的实践证明长江口深水航道的总体设计思想是合理的，治理方案是成功的。一期工程建成，抑制了江亚南沙沙头的下移趋势，稳定了南北槽分汊河段的河势，为深水航道的治理奠定了基础；二期整治建筑物工程的建成进一步稳定了北槽南、北边界，在继续维持北槽落潮流优势的前提下，使北槽全槽形成了上下贯通、具有相当宽度的覆盖航道的微弯深泓，消除了拦门沙地形，减少了滩槽高差，阻挡了两侧滩面风浪掀沙对航道的补给，减轻了航道回淤。为二期疏浚工程的基建和通航水深维护提供了重要保障。

长江口深水航道产生极大的经济效益。截至 2004 年，其直接航运效益为 146 亿元，相当于已收回了本航道工程的投资。

52. 一条入海深水航道是否能够满足长江口航运的发展需要？

长江流域是我国经济最发达的地区之一，货运量大。近几年进出长江口货运量急剧增长，保持良好的发展势头。如2003年通过长江口货运总量为34532万t，2004年为44630万t，2005年为55000万t。

根据国民经济的发展趋势、世界资源配置的大趋势、水上交通的发展趋势以及长江三角洲地区集装箱运输的发展前景，并考虑近年来我国的能源政策、产业结构调整，以及洋山集装箱深水港区的立项建设对长江口货运量的分流等因素，航道部门预测2010年长江口货运量为6.1亿t，集装箱1900万TEU，2020年货运量为8.6亿t，集装箱3600万TEU。同时，考虑国际运输船舶发展的大型化趋势和各类船型吨位构成的合理性，预计2010年通过长江口的船舶总数为13.26万～13.77万艘，2020年为15.1万～15.66万艘。

南港北槽入海深水航道实际通过能力为全年可通过5万t以上船舶55128艘次，平均每天可通过152艘次，因此，随着货运量的快速增加，一条入海"南港北槽深水航道"通过能力难以满足长江航运的长期发展要求。对比预计通过船舶总数和实际通过能力，为确保大型船舶安全畅通航行，至2010年必须将通过南港北槽航道的部分1万载重吨以下的船舶分流，2020年必须将1万～3万载重吨的船舶分流。

53. 长江口航道远景的发展布局是什么？

根据《长江口综合整治开发规划要点报告》(2004年修订)，长江口航道远景的发展布局为，逐步形成以南港北槽深水航道为骨干，以北港航道、南港南槽航道和北支航道以及上海北翼江海联运为辅的长江口地区航道网。各航道的定位为：

主航道，即南港北槽深水航道，规划作为大型集装箱船、散货船和油轮进出长江口的主航道，是长江下游铁矿石、原油等大宗散货海进江中转系统和南京以下港口江海物资转运系统的重要组成部分，主要为进出上海港和江苏省南京以下主要港口及沿江企业专用码头的大型船舶服务，进一步向上游延伸，为长江三角洲地区经济发展和长江经济带的建设服务。

北港航道，全长约 146km。随着进出长江口的货运量增长和船舶密度加大，通过南港北槽航道的大型船舶将大幅度增加，为减轻南港北槽航道的通航压力、满足船舶安全进出的需要，部分来往于上海港和北方沿海港口之间的煤炭、原油、集装箱运输船舶及靠泊浏河口以上沿江码头的船舶需通过北港航道进出。根据对长江口北槽航道通过能力和进出长江口的船舶密度的测算，2010 年以前应在固定青草沙头、整治南北港分流口的前提下，结合横沙东滩圈围和外团结沙的促淤工程，适当治理北港航道，乘潮通航万吨级以下船舶；2020 年以前进一步实施必要的航道治理工程，使北港航道达到通航 3 万～ 5 万吨级海轮的要求。

南港南槽航道，全长约 75km。目前受南槽拦门沙的影响，自然水深为 6.0m，可乘潮通航万吨级以下的船舶，主要通航长江口与南方沿海港口之间的较小船舶。规划作为主航道的分流航道，主要供长江口通往洋山港区和南方沿海港口的较小船舶进出，特别是洋山深水港区经过减载或转载进出长江口内的江海联运集装箱运输船舶进出。规划近期利用自然水深，分流进出长江口的 1 万吨级以下的船舶；随着南汇边滩促淤圈围和九段沙浅滩南沿促淤堤等水利工程的实施，启动航道整治工程，逐步增深航道，改善通航条件，缓解主航道和今后建成的北港航道的通航压力，达到乘潮通航 1 万～ 2 万吨级海轮的要求。

北支航道，全长 85km 左右。结合河道整治工程的建设，适当增深航道并成为江苏省海门、启东等地区对外交流的通道之一，为社会经济发展服务。

北翼江海联运的航道，2020 年以后，随着流域经济的进一步发展，船流密度的增加及船舶的大型化趋势将使航道水深和通航能力不足的矛盾进一步加大，要求主航道继续增深拓宽，并需加大和加快对分流航道开发的力度。考虑到苏北、苏南经济发展的不平衡性，为推动苏北沿海港口群的开发，带动长江三角洲地区北翼经济的发展，需要进一步研究形成上海北翼江海联运的航道建设规划和运输体系的远景，采取相应工程措施来解决航运的矛盾并推动苏北港口群的开发。

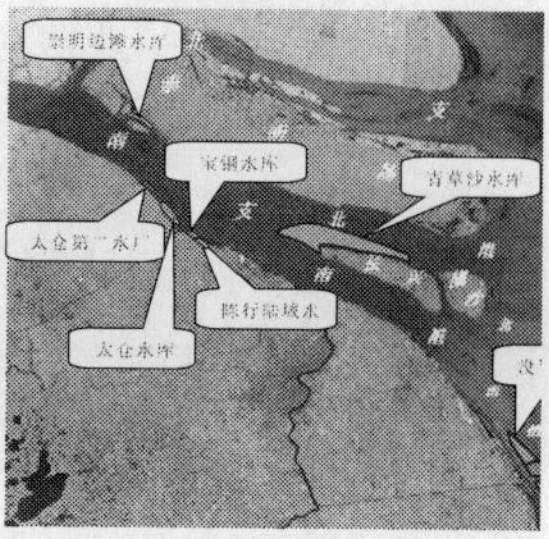

六、干净水源何处寻

（专家：林顺才）

林顺才，男，1963 年 12 月出生，福建省莆田市人，毕业于武汉水利电力学院河流力学及治河工程专业，本科学历。在上海勘测设计研究院任项目经理兼项目总工程师，教授级高级工程师，中国水利学会河口治理与保护专业委员会秘书长。

他长期从事于河口航道整治、港口建设、滩涂圈围、城市供水等方面的规划设计工作。先后完成了长江口综合开发整治规划要点报告、长江口拦门沙航道演变规律与深水航道整治方案研究、长江口深水航道整治二期工程平面布置优化及回淤量计算、上海－长江第二水源规划方案研究、上海市长江引水陈行水库设计、上海市青草沙水源地工程设计、长江口北支咸潮倒灌控制工程及南支水源地专题研究、长江口滩涂资源开发利用规划、上海崇明北沿滩涂促淤圈围工程设计和上海崇明越江通道北港桥梁主通航孔布设专题研究等规划设计工作。

他曾主持并参与编制的《长江口综合开发整治规划要点报告》（1997 年版本）曾获水利部水利水电规划设计管理局科学技术进步一等奖，《长江口拦门沙航道演变规律与深水航道整治方案研究》获得交通部科学技术进步一等奖，《长江口北支咸潮倒灌控制工程及南支水源地建设专题研究》获得 2005 年上海市科学技术进步一等奖。

54. 长江口地区水资源有何特征？

水是生命之源，是人类生存和发展的重要物质基础，是生态环境的控制性要素，水资源的可持续利用是经济社会可持续发展的重要保障。长江河口水资源有以下两方面主要特征：

一是本地径流量不足，且年际年内分配不均。长江口降雨产生的本地年平均径流量约为 38 亿 m^3，相应单位耕地（亩）和人均水资源量分别仅有 540m^3 和 388m^3，大大低于全国的人均水平 2200m^3 的水平，可见长江口地区本地径流量严重不足。

长江口地区本地径流资源量年际变化较大，最大年份的径流量与最小年份径流量的比值为 2.55。径流量年内分配也不均匀，主要集中在汛期 5 ～ 10 月，6 个月径流量占全年径流量的 60%～ 80%。

二是外来水量多，但水质污染日益严重且易受咸潮入侵的影响。长江口过境水主要指长江来水和太湖流域通过黄浦江下泄的水。长江源远流长，水量充沛。长江来水情况一般以长江口潮区界（即河水因受潮水顶托发生壅积，潮波仍继续上溯，但潮差急剧降低，潮差等于零的地方）大通水文站观测资料为依据。根据大通水文站资料，多年平均径流总量为 9051 亿 m^3，年平均流量为 2.95 万 m^3/s，最大年径流量为 1954 年的 13590 亿 m^3，最小为 1978 年的 6760 亿 m^3。即使在枯季，多年月平均流量也在 1 万 m^3/s 以上。因此，从水量来讲，长江的水源可以说是取之不尽，用之不竭的。但是长江河口系感潮河段，在枯水季节易受咸潮入侵的影响，使局部河段的水体含氯度偏高。因此，长江河口可利用的淡水资源又是有限的。

黄浦江是长江尾闾的最后一条大河，又是太湖流域主要的排水通道。经黄浦江汇入长江口的水量约 100 亿 m^3。从多年水质平均监测值来看，黄浦江沿程水体污染状况相当严重，黄浦江江段已无Ⅰ、Ⅱ类水体，符合Ⅲ类水标准的水体也仅占河流长度的 13.5%，约 86.5%河流水体已不能作为饮用水水源加以利用。

55.当前长江口水质状况如何？

中华人民共和国《地表水环境质量标准》(GB3838—2002)是评价我国地表水环境质量状况的基本依据，该标准按照地表水环境功能分类和保护目标，规定了水环境质量应控制的项目和限值。长江口是我国最大的内河入海口。目前，我国没有针对河口的水质标准，一般采用《地表水环境质量标准》(GB3838—2002)作为河口的水质评价标准。长江口水质状况可归纳为如下几个方面。

(1)1987～2002年常规水质监测结果表明，长江口水质基本达到Ⅱ类水，主要超标项目是氨氮、总磷、石油类和汞。总氮、总磷污染物浓度有上升趋势，有机污染指标如化学需氧量、五日生化需氧量和高锰酸钾指数等维持在Ⅰ～Ⅱ类水质之间。石油类污染有所减轻。挥发酚近年来接近Ⅱ类水质要求。微量重金属元素除汞外，其他指标都略有好转。

(2)水质年内变化分析表明，长江口氯化物和有机污染指标化学需氧量、五日生化需氧量和高锰酸钾指数的浓度值汛期明显低于非汛期；溶解氧、氨氮和总氮浓度值枯水期>丰水期>平水期；总磷和石油类浓度值丰水期>枯水期>平水期；铜、砷、汞、铅的浓度值则没有明显季节差别。综合各个指标说明长江口总体水质汛期优于非汛期。

(3)多年水质监测分析结果表明，长江口中泓主流是一个天然屏障，阻隔了长江南岸的污水向北扩散，江心水质明显优于边滩。

(4)2000～2004年水质的变化趋势分析表明，近5年来长江口高锰酸钾指数、总氮和氨氮总体呈下降趋势；总磷总体呈缓慢上升趋势；汞和镉呈持续下降趋势；其他指标处于总体持平或小幅波动状态。

总体上看，根据近十多年来的观测结果，长江口水域现状水质总体上属Ⅱ类水，水质良好稳定，是目前长江口地区水质最好的地表水水源。

56. 未来长江口水质趋势如何？

长江口水质除了受上游径流量、来水水质和河口所接纳的排污负荷的影响外，还受长江口特殊的地形条件以及潮汐作用等因素的综合影响。

径流是污水稀释扩散、降解的最主要因素，而长江来水水质的好坏直接影响河口区的本底水质。河口区所接纳的排污负荷、污水的排放方式和排放分布直接影响水质的分布。潮汐作用控制了河口地区水流的运动形态，由于水流在河口区的往返运动，使下游排放的污染物可能会影响上游水体的水质。可见河口水环境是一个多因素作用的混合系统。

为保证长江各功能区水环境在近、远期规划水平年达到规划控制目标，沿江各省（市）正在积极采取相应的工程措施和非工程措施，改善长江水环境质量。如采取提高沿江城市污水处理水平、加强工业污染控制、实施排污口整治工程、加强面源污染控制和流动污染源控制等措施。因此，长江口上游的来水水质将进一步趋好。

上海合流污水治理一期工程运行之前，上海市约有80%的工业废水和生活污水直接排入黄浦江及其支流，通过黄浦江汇入长江口。1993 年底，合流污水治理一期工程（竹园排放口）投入运行，受益面积达 70.57km^2。1999 年，合流污水治理二期工程（白龙港排放口）开始兴建，远景规划日排放量将达 500 万 t。二期工程主要收集黄浦江两岸 272km^2 范围内的污水，为杜绝污水向黄浦江直接排放创造条件。

总之，随着长江口上游来水水质进一步趋好以及今后黄浦江直接进入河口地区的污水负荷将逐年减少，长江口的总体水质将得到明显改善。

57. 何为咸潮入侵？咸潮入侵的危害如何？

所谓咸潮，是指发生在河流入海口特定区域内的一种水文现象。大家都知道，海水有涨潮、落潮现象，通常称之为潮汐。在涨潮时，海水会沿着河道自口门向上游上溯，受海水入侵的影响，河流氯化物含量增加，带有咸味，这就是咸潮入侵。咸潮入侵程度一般用水体氯化物含量来反映，氯化物含量越高，说明咸潮入侵越严重。据《生活饮用水水源水质标准》(CJ3020—93)，生活饮用水水源水体氯化物含量应小于250mg/L。另外，胶卷、钢铁工业生产要求水体氯化物含量不能超过20mg/L，电厂锅炉用水要求水体氯化物含量在300mg/L以下；水稻育秧期则要求水体氯化物含量低于600mg/L。

历史上长江口区曾多次出现咸潮严重入侵的情况。根据历史文献记载，长江口地区屡遭咸潮入侵之害，追溯至明朝万历年间，严重咸潮入侵平均为60年一次，间隔时间为57～76年。

1978年冬～1979年春为长江特枯水期，长江口发生了新中国成立以来最严重的咸潮入侵，导致上海市区部分工业停产或产品质量下降，其直接经济损失达1400余万元。崇明岛曾被咸水包围4个多月，前后受咸潮影响长达7个月之久，造成农业减产，人民生活质量受到极大的影响。

近20年来，因受北支咸潮倒灌的影响，长江口咸潮入侵呈加剧趋势。根据宝钢水库取水口监测资料，1982年至1992年10年间，每年1～3月都发生不同程度的氯化物超标现象。其中，1987年1～3月，氯化物连续超过250mg/L的最长天数为13天，氯化物连续超过400mg/L的最长天数为10天，最大氯化物达1706mg/L，是10年中发生咸潮入侵最为严重的一年。陈行水库取水口监测资料显示，自1992年陈行水库投产至2005年的10多年间，每年枯季都出现氯化物超标现象。其中，1998年12月至1999年4月，氯化物连续超过250mg/L的最长天数为25天，为20年来咸潮入侵最为严重的一年。1999年3月由于自来水氯化物超标，对上海通用汽车公司生产造成严重影响，为此不得不向有关主管部门提出索赔要求，上海市民时常因饮用氯化物超标自来水，明显感觉到苦涩的咸腥味，严重危害市民健康，人大代表曾多次呼吁尽快改变咸潮入侵对生产、生活造成的严重影响。

值得关注的是，2001 年汛期，陈行水库取水口也出现了氯化物连续超标天数达 6 天之久、最大氯化物达到 716mg/L 的现象，这种情况在历史上是从未出现过的。

江苏省南通市的通洲、海门、启东三市与长江口北支相邻，由于咸潮入侵，濒临长江却常年取不到合格的淡水，不得已采取地下水和内河水作为水源。为了改善饮用水水质，被迫舍近求远，从徐六泾上游洪港、狼山引水。位于长江口南支的太仓市，自 1999 年新建浪港水厂以来，至 2005 年建设太仓第二自来水厂避咸蓄淡水库期间，在长江枯水季节，高盐水直进直出，饮用水的氯化物含量严重超标，市民的生活受到极大影响。从近 3 年的实测资料看，每年枯季都出现氯化物超标，最大氯化物达 2240mg/L，超标最长连续天数超过 8 天。

综上所述，长江口的咸潮入侵严重影响了上海市和江苏省沿江地区的工农业生产和人民的生活用水，对水产渔业等也构成威胁，严重制约了该地区社会经济的可持续发展。

58. 谁是咸潮入侵的元凶？能否束缚？

咸潮入侵是长江口水源地开发的最大制约因素。影响长江口咸潮入侵的因素十分复杂,但从本质看，咸潮入侵（详见图 6-1）是上游径流与下游潮汐两种动力共同作用的一种表现形式。因此，上游的径流量和外海的涨潮量是直接影响咸潮入侵的两个主要因素。此外，咸潮入侵还受风力、河势等各种因素的影响。

长江口水源地位于长江口南支河段，影响水源地水域水体氯化物含量变化的咸潮入侵源有 3 个，即北支咸潮倒灌、南港咸潮入侵和北港咸潮入侵。这 3 个咸潮入侵源，视大通流量的大小，海洋潮汐大小，以及风力、风向、河势特征等不同，对该河段中不同区域氯化物分布的影响也各不相同。

研究结果表明，长江口北支咸潮倒灌对南支河段氯化物分布有十分重要的影响。吴淞以上水域的氯化物分布主要受北支倒灌盐水的控制；吴淞以下南北港水域的含氯度分布则受北支倒灌盐水和南支口外入侵盐水的共同控制。20 世纪 50 年代末到 70 年代中期，南、北支交汇处河势发生很大变化，促使北支上口流路与长江主流几乎呈直角相交，北支分流显著减少，导致北支潮流作用增强，咸潮入侵加重，整个北支几乎被咸潮控制。20 世纪 80 年代以来，由于北支河床逐渐淤积，河床阻力增大，从而潮波传播速度减慢，会潮点（南支与北支涨潮时水流交会的地方）向下游推移，咸潮入侵有较大减弱。但枯水季节时咸潮入侵仍然存在，如 1987 年宝钢水库最大氯化物为 1706mg/L。20 世纪 90 年代以后,北支上口不断围垦，至 1998 年从北支口至青龙港全线围垦束窄，河宽由 2.0 ～ 4.5km 束窄至 2.0 ～ 2.5km,北支青龙港潮差骤然加大，涌潮加剧。因此，即使大通流量维持现状不变，北支咸潮倒灌仍呈加重趋势。2002 年 1 ～ 3 月与 1987 年同期相比较，2002 年枯季大通流量明显大于 1987 年枯季。但 2002 年陈行水库的超标周期数大于 1987 年，这一现象反映了北支咸潮倒灌已呈加剧趋势。另外，2001 年 8 ～ 11 月，大通流量 3.8 万 m^3/s 时，陈行水库取水口氯化物出现 5 个潮周期超标，说明北支倒灌对南支水域氯度影响已扩大到丰水季节。

20 年来盐度同步观测资料及分析结果表明：南、北港咸潮上溯对长江口南支已建和规划水源地的影响有限；而北支咸潮倒灌是南支水域咸潮入侵的关键来源，并且北支咸潮倒灌南支呈加剧趋势，北支咸潮倒灌是制约长江口淡水资源开发利用的关键因素。

为此在长江河口治理中，对北支的治理思路是以控制咸潮倒灌为主要目标，为了束缚北支咸潮倒灌，研究了北支缩窄和建挡盐潮闸两种类型工程方案。研究结果表明，建挡盐潮闸可彻底根治北支咸潮倒灌，但负面影响大；实施北支下段缩窄工程可有效地削弱北支咸潮倒灌，而且可减缓北支淤积速率，负面影响也小，推荐近期实施北支缩窄工程方案，远景可在北支缩窄的基础上，进一步研究建设挡盐潮闸工程或其他可能的工程方案。缩窄工程实施后，可大幅度地减轻北支咸潮倒灌，南支水域氯化物含量将大幅降低。

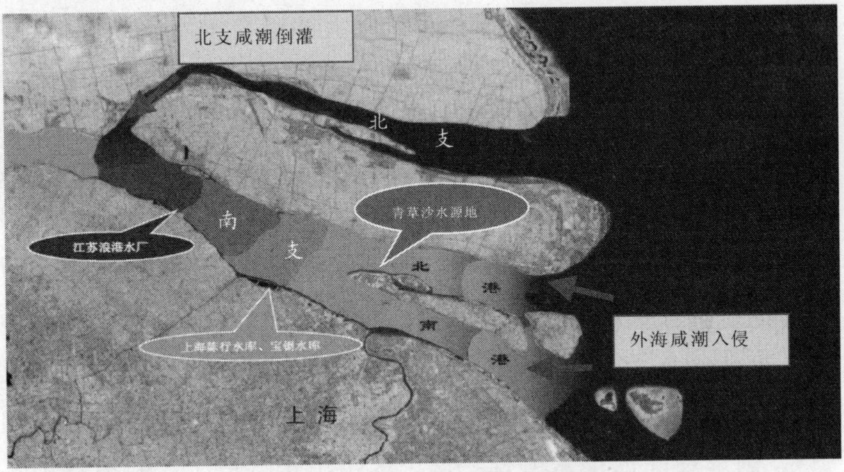

图 6-1　长江口咸潮入侵示意图

59. 长江口淡水资源开发利用还存在哪些问题？

长江口淡水资源开发利用存在的主要问题表现在以下几方面：

（1）水环境污染、北支咸潮倒灌问题呈加剧趋势。近年来，由于长江流域及其河口日益加剧的人类活动和资源开发，使得长江口及其邻近海域污染日趋严重，再加上近年来北支咸潮倒灌的加剧，严重威胁着长江口淡水资源的可持续开发利用。

（2）长江引水规模尚不能满足原水供应需求。由于受岸线及工程条件限制，陈行水库引水规模与相应的受水水厂供水规模尚有较大缺口。原水供水缺口导致水厂出厂水量和水质下降，已影响了居民和企业的正常用水，若不采取相应工程措施，长江原水系统的供水能力将成为上海市北部以及浦东地区城市发展的严重制约因素。另外，江苏省长江口地区部分水厂目前仍以内河为主要水源（尚湖、通吕运河等），而这些内河因受经济快速发展、排污增加的影响，水质呈继续恶化的趋势，严重影响人民的身体健康。

(3)上海城市供水安全和供水保证率有待进一步提高。上海城市供水水质以现有国家生活饮用水卫生标衡量，35 项指标综合考核是完全合格的，但与发达国家大都市自来水水质相比，还存在一定差距。为了迎接 2010 年世博会和实现城市总规划的 4 个战略目标，上海的供水水质有待进一步改善。同时，为保证上海供水的安全性和可靠性，上海有必要采用多个江、河水源及地下水源同时向城市供水。

(4)未按国家有关规定划分饮用水水源保护区。目前长江口地区仅黄浦江上游建立了水源保护区，长江口尚未建立水源保护区。因此应按中华人民共和国国家环保局、卫生部、建设部、水利部、地矿部联合颁布的《饮用水水源保护区污染防治管理规定》，划定长江饮用水源保护区，尽快出台《长江水源地保护条例》，并严格执行。

60.何为水质型缺水?为何说上海守在江边没水喝?

水质型缺水，不是因为水资源的人均占有量不足，而是指因水源的水质达不到国家规定的饮用水水质标准而造成的缺水。按照国家饮用水水质标准，地表水水质分为 5 类，作为饮用水水源的水质必须达到Ⅲ类水以上。但是，据环境部门对上海陆域主要河道的断面监测，上海符合饮用水水源国家标准的地表水只剩下 1%，水质劣于Ⅴ类的却占到 68.6%。上海有水，但缺好水，是典型的水质型缺水城市。

由于上海本地水资源缺乏且水质不能满足饮用水要求，因此饮用水水源主要依靠过境水资源，过境水量包括太湖流域来水和长江来水两部分，太湖流域年平均来水量约 106.6 亿 m^3；长江徐六泾断面年平均过境水量 9335 亿 m^3。虽然上海水资源总量丰沛，但目前可直接利用的优质水资源量十分有限。

黄浦江是太湖流域排入长江的主要通道，目前是上海市的主要供水水源地，上游松浦大桥取水 500 万 m^3/d，中游闵行江段取水 67 万 m^3/d，两者相加约占上海市总供水量的 80%。近年来，由于太湖水质急剧下降和取水口附近工业污染排放，水源地的水质不断恶化，水质经常处于 IV 类水水质标准，2000 年 6 月初甚至发生水质劣于 V 类水的情况。据 2004 年 5 月水质监测资料，太湖湖体各湖区水质均劣于 V 类标准，无一达到国家“治太”目标；22 个环湖河流出入湖控制断面，水质达标的仅有 9 个；国家考核的 8 条入湖河流中，有 4 条水质劣于 V 类标准。自 2004 年 6 月中旬开始，黄浦江上游一带水面还多次出现大面积的绿色水生植物，多的时候 1/3 的江面被覆盖。

黄浦江上游水源地的取水量占总来水量的30%以上，已达到国际公认的取水警戒线，如继续增加引水量将导致下游河段的污水进一步上溯，从而影响上游取水口水质，因此黄浦江上游无论是从水量或水质角度，均无增加取水量的可能。

上海地区的长江过境水资源十分丰富（详见图 6-2），而且水质一般能达到 II～III类水水质标准，可为“取之不尽、用之不竭”，但长江口为感潮河段，一般在长江枯水季节，易受咸潮入侵影响，导致水体氯化物含量超标，不能直接取用。为了获取稳定的长江口水源，必须通过建设蓄淡避咸水库来解决，因此长江口水源属工程性水质型缺水。建设蓄淡避咸水库，需要有广阔的土地或适宜的滩地资源空间，而且还需要有强大财力支撑。正因如此，上海对长江水源开发利用严重不足，目前仅依靠 830 万 m^3 库容的陈行水库供水，日最大供水规模为 130 万 m^3，只占长江来水量的 0.07%。为了解决上海人守在江边没水喝的尴尬局面，上海已规划在“十一五”期间，建成陈行陆域水库，使陈行水库日最大供水规模提高至 218 万 m^3，同时建设长江口青草沙水源地，日最大供水规模达 719 万 m^3。随着长江口新水源地的建成投产，将彻底改变上海守在江边没水喝的窘境。

图 6-2　上海市河网图

61. 上海水源地建设现状如何？

上海地区常年平均可利用的水资源量来自3个方面：一是当地径流，二是可开采的地下水，三是过境水。据1956～1999年相关资料分析，上海地区常年平均降雨量为1096.4mm，当地径流量年均24.15亿m^3。据专家分析，本市可开采的地下水资源量为8.60亿m^3，其中，承压含水层水资源1.42亿m^3，潜水资源7.18亿m^3。过境水量包括太湖流域来水和长江来水两部分，太湖流域年平均来水量约106.6亿m^3；长江徐六泾断面年平均过境水量9335亿m^3。虽然上海水资源总量丰沛，但目前可直接利用的优质水资源量却十分有限。

上海市目前主要有两个水源地：黄浦江上游水源地和长江陈行区域水源地，总取水量为778万m^3/d。黄浦江上游水源地取水规模为622万m^3/d，占全市原水供应量的80%，其中松浦原水厂500万m^3/d，闵行水厂67万m^3/d，松江等郊区水厂55万m^3/d，取水量达到黄浦江一般年份来水量的22%。黄浦江上游水源水质总体评价为Ⅲ～Ⅳ类。长江口陈行区域水源地(含墅沟水库)取水规模为156万m^3/d,占全市原水供应量的20%,水源水质总体评价为Ⅱ～Ⅲ类。

两大水源地目前存在的主要问题:一是原水水质不够稳定,二是水量供应偏紧。黄浦江上游水源地为流域下游的开放式、流动性、多功能水域,水质较差,取水比例过大,且频繁发生的水上船只油污、危险化学品泄漏等突发事件多次威胁水源水质。而陈行水库虽水质较好,且封闭保护,但长江口咸潮入侵近年来呈加剧之势,陈行水库库容太小,蓄淡避咸能力不足,难以满足服务区域内自来水厂的原水需求。这些问题,已对上海的原水安全构成直接威胁。

62.上海干净水源何处寻?

上海新一轮城市总体规划将上海定位于现代化国际大都市,着眼于实现"两个率先"、建设"四个中心",对优化人口布局、产业布局和推进郊区"三个集中"提出了新要求。未来上海的人口规模将由目前的1700多万增加到2000万甚至更多,发展重心将向郊区转移,这将使全市用水需求有较大增长,供水布局也需要作出相应调整。同时,2010年世博会的筹办,也对提高供水水质提出了更高要求。这些,都是上海水源地建设亟需解决的新问题。

基于对国内外城市用水量的现状调查、特大城市用水量发展趋势的统计分析,以及对上海城市发展和节水发展的专题研究,上海市供水专业规划确定了不同类型规划区域的用水指标,提出上海市2020年原水量需求规模约为1428万m^3/d。

从水量平衡及对提高水质要求角度考虑,为满足2020年上海城市供水需求,其水源缺口达到700万m^3/d。陈行水源地因受陈行水库库容量制约(总库容仅为830万m^3),供水规模已超过可供水能力的极限,黄浦江上游取水规模已占黄浦江上游来水总量的1/4,达到世界上公认的取水警戒线,几乎没有进一步扩大取水规模的可能。

20多年来，为了寻找及解决上海干净水源的出路问题，有关部门及许多专家进行了不间断的研究、寻觅，已有了明确的答案。即为了求得上海城市干净水源，上海新增供水量从黄浦江水源转向长江水源是一种必然的趋势，形成黄浦江上游和长江两大水源格局。

作为上海市新水源的长江过境水资源不仅水量巨大(多年平均径流量为2.94万m^3/s，占上海市过境水资源量的98.9%)，且总体水质比较优良，水质明显好于黄浦江。目前长江口水质绝大多数指标均能达到地表水II类水标准，只有氨氮、石油类等少数指标超标，超标倍数均在一倍以内，由于长江水源采用取水入库后再出库的供水运行方式，入库水经水库自净作用后，出库水水质除氯化物外，均符合地表水II类水标准。但目前长江水源仅占上海城市供水总量的不足20%，利用量仅占长江年平均径流总量的0.07%。

由此可见，上海没有充分利用长江的优质淡水，“好水空自流”。另一方面，却因过量取用黄浦江水，减弱了黄浦江自净能力，加大了自来水深加工的成本，并容易产生二次污染。

从东京、纽约、巴黎等国际化大都市水源地建设的经验来看，普遍采用多个水源同时向城市供应原水的方案，水源地集中封闭，以水库群作为城市稳定可靠的水源地，水库蓄水量超过城市需水量多倍，原水水质优良，水质普遍达到II类水以上。

从上海城市供水的百年发展史来看，上海的水源地经历了从苏州河到黄浦江再到长江；从黄浦江下游到中游再到上游；从单水源到双水源再到多水源；从就近取水到保护区取水再到水库取水的过程。

对上海的水源安全保障问题，上海历届市委、市政府都高度重视。市水务局会同有关方面，组织各方力量，开展了多年的研究论证工作。特别是近年来，根据城市总体规划和供水专业规划，又相继专题开展了上海水源地安全战略研究，进一步对在上海及周边地区选择未来水源地的多种可能性进行了分析论证。提出力争在2010年上海世博会召开时，上海供水水质能达到国际一流城市标准，2020年达到世界一流国际大都市同期相应水质标准的目标。上海水源宜实施战略转移，大力开发长江水源地，提高长江原水供水份额，逐步从以黄浦江水为主，转向长江水、黄浦江水“平分秋色”乃至以长江水源为主的新格局；将长江口作为未来上海的战略水源加以保护，保障上海城市的供水安全格局。

63.何为“蓄淡避咸水库”？为何要建设“蓄淡避咸水库”？

“蓄淡避咸水库”是解决咸潮入侵对河口供水水源影响而采取的一种特有工程应对措施。受咸潮入侵影响，在河口地区取水水体中氯化物含量时有超标，在枯水季节更甚。按照国家有关标准，如果水体中氯化物含量超过250mg/L就不宜饮用。因此，所谓“蓄淡避咸水库”是为了避免河口咸潮入侵引起氯化物超标导致供水中断而修建的水库，即当水库前沿水体中氯化物低于250mg/L时，开泵或开闸引水入库；当氯化物高于250mg/L时，则停止进水入库，在氯化物超标期间依靠水库内预蓄淡水供水，以确保水源连续不间断地提供合格的淡水。

建设“蓄淡避咸水库”是保证河口水源稳定供水的核心工程。城市供水具有连续不间断的特点，这就相应地要求水源地供水不能间断，但由于河口水源地受咸潮入侵影响，氯化物时有超标，特别是枯水季节当出现氯化物超标期间，若无蓄淡避咸水库，供水将全部变成咸水。为了避免供应不合格水源，则势必采取中断供水措施，全市人民将无水可用。因此，为求得稳定河口水源就必须建设蓄淡避咸水库，在出现氯化物超标期间依靠水库预蓄淡水供水。

建造蓄淡避咸水库库容规模取决于两大因素：一是水库所在水域最长连续取不到合格水的天数；二是水源每天需要提供的供水量，两者之间的乘积为建造蓄淡避咸水库有效库容规模。

河口水库不仅具有“蓄淡避咸”功能，而且还具有“避污蓄清”功能。由于水库始终都存有预蓄水量，可保证连续十天甚至几十天不取水情况下的正常供水，足以抵御类似松花江式的突发性水污染事故，这无形中又增加了一扇水污染应急措施的安全门。

64. 哪些地方适宜建设水源地？

为了解决上海城市供水需求，保证上海社会经济的可持续发展，有关部门组织了上海长江新水源地选址系统研究。1987 年，由上海市自来水公司牵头，在《长江一上海市城市供水第二规划方案研究》中，对长江口南支南岸的徐六泾、钱泾口、浪港和陈行四处进行库址比选，推荐了位于上海境内的陈行水库作为优选方案，并于 1992 年建成投产，目前陈行水库总库容为 830 万 m^3，供水规模为 130 万 m^3/d，受益人口 200 万人。随后，上海市原水股份有限公司在陈行水库一、二期工程建设的基础上，又积极开展了长江引水三期工程方案研究，并组织有关单位进行了多项专题论证，先后提出陈行陆域水库、新宝山水库、太仓水库、罗泾水库等陈行水库链方案，期望多留住长江水，让上海人都喝上优质淡水。

根据上海浦东开发开放的新形势，为了解决 2020 年上海城市的供水需要，在中国工程院院士陈吉余教授最先提出“干净水源何处寻，长江河口江心求”科学设想的基础上，1991 ～ 1992 年，上海市科学技术委员会组织开展了开发青草沙水源地预可行性研究。1995 ～ 1998 年，在上海市建设委员会领导下，再次组织大型课题组，就开发利用长兴岛头部的青草沙滩地作为上海城市供水第三水源地的可行性进行了研究，并编制了《上海市长江口青草沙水源地预可行性研究》。由于近几年该水域河势、滩地和城市供水需求等均发生了较大变化，上海市城市建设投资开发总公司又组织开展青草沙水库新库址和规模深入分析论证工作。同时，上海实业（集团）有限公司在发现位于长江河口处的没冒沙水域有淡水情况后，先后组织了有关科研设计单位，就在上海浦东国际机场附近的南汇东滩处建设没冒沙水库进行专题研究。

随后上海市有关主管部门在大量已有长江口水源地开发利用研究的基础上，结合上海城市未来发展需要，基本确定上海未来水源地的战略构想是“多建库、广蓄水、渐成网”，构建形成依托流域、立足区域，以一网调度、两江并举、三源互补为主体的水库型、网络化、水量充裕、水质优良、安全可靠的水源地新格局，重点建设黄浦江上游、陈行、青草沙三大水源地，同时保留其他水源地（详见图 6-3）。优化黄浦江上游水源地布局，规划水库型水源地；扩大陈行水库区域水源地规模，强化水库联合调度；加快青草沙水域水库或其他新水源地研究，择机启动新水源地建设。规划近期把长江和黄浦江原水比例从 2:8 调整为 3:7，中远期调整为 5:5，甚至更高，实现黄浦江、长江口两大水源互济、互补的新格局。

一是近期建设陈行陆域水库，与现有陈行水库形成总有效库容 2300 万 m^3。扩建陈行水库取水泵站，使长江取水泵站总取水能力达 590 万 m^3/d。扩建陈行输水泵站，形成总输水规模 218 万 m^3/d。增设原水输水管，形成陈行水库引水系统双管供水的格局，使当前供水水质含氯度控制在 250mg/L 以内，供水保证率为 92%（即 12.5 年一遇）。

二是结合长江口综合开发整治，加快建设青草沙水域原水系统。青草沙水库库容按抗咸标准保证率 97.5%（即 40 年一遇）、含氯度 250mg/L 考虑，水库有效库容以满足 2020 年城市供水要求为目标，并适当留有余地。同时，适时建设系统联络管，使长江陈行水库引水系统与青草沙水域系统两大水源互连互补，联合抗咸。

三是建设崇明南岸边滩水库，满足上海崇明岛供水需求，供水规模为 50 万 m^3/d，并对原水供应系统进行分期建设。

四是规划保留没冒沙水源地，为远景上海城市供水发展预留空间。

江苏省城市供水长江水源除太仓外，一般均位于长江河口徐六泾以上，受河口咸潮入侵影响小，基本上无需建设蓄淡避咸水库。太仓市政府为了改善市民引水，实现由内河引水向长江引水的战略转移，最近几年实施了长江引水镇镇通工程，让绝大多数市民喝上长江水。可市民发现长江水也有一个缺点，那就是每逢长江枯水期咸潮入侵时，自来水就会有苦涩的咸腥味出现，这在一定程度上影响了市民的正常生活和生产。为从根本上解决市民的后顾之忧，太仓市已于 2005 年初在浪港附近投资兴建了总库容 400 万 m^3 的太仓第二自来水厂蓄淡避咸水库，供水规模为 30 万 m^3/d。为了保证远景供水需求，还规划保留浏河口上游的太仓边滩，作为今后建设太仓水库保留地。

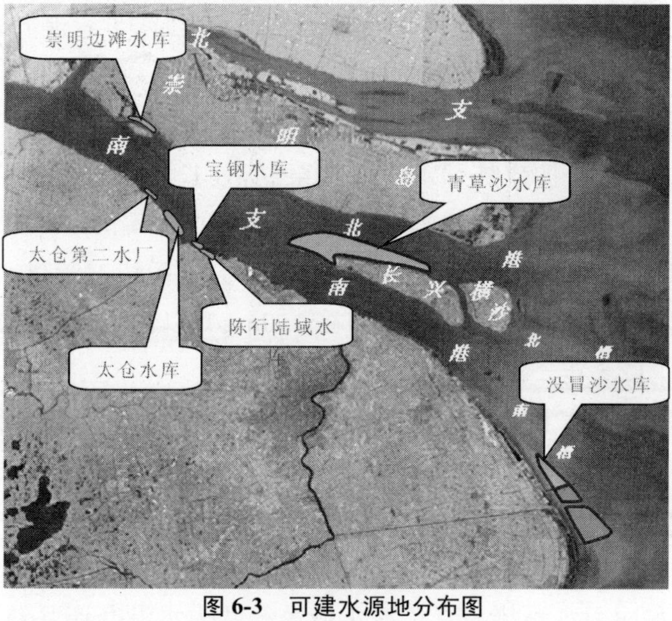

图 6-3　可建水源地分布图

65. 上海“十一五”规划将建设哪些水源地?

为了保证上海城市“十一五”期间供水需求，以及 2010 年上海市世博会用水需要，上海市政府对解决供水水源问题高度重视，除了明确建设陈行引水三期工程外，还就在“十一五”期间在长江河口建设大型水库工程选址进行多方案比选论证。

2005 年 12 月 20 ～ 22 日，上海市水务局组织了国内 9 个相关学科26位资深专家对上海市长江口水源地建设方案进行评估审查(详见图6-4)。审查意见认为,青草沙水源地研究成果符合相关规划,是目前上海市境内地表水水质最优、受周边污染影响风险较小、易于保护的水源地。没冒沙区域有淡水、有好水,也是上海难得的宝贵资源,有可能成为上海又一个水源地。

图6-4　长江口水源地论证评估审查会

(讲话者为上海市副市长杨雄)

2006年1月20日,青草沙水源地建设被正式列入上海市第十二届第四次人民代表大会批准的《上海市国民经济和社会发展第十一个五年规划纲要》。十一五规划纲要对上海城市供水提出了明确要求——“提高供水保证服务水平,扩大长江水资源开发利用,建设青草沙水源地,建成长江陈行引水三期工程。建设金海等水厂,全市日供水能力提高到1260万m^3/d。中心城注重提高水质,郊区推进集约化供水”。

长江陈行引水(详见图6-5)三期工程位于长江口南支南岸的宝山区罗径镇,工程由新建430万m^3/d第二取水泵站、新建1432万m^3陆域水库、新建110万m^3/d输水泵站和长16.8km的DN2400陆域管线组成。其中,第二取水泵站和陆域管线已于2005年开工建设,2006年上半年建成;陆域水库和新建输水泵站工程于2006年下半年开工,2007年建成投产。工程建成后,供水规模由当前的 130 万 m^3/d 提高至 218 万 m^3/d，受益人口达到 300 万人以上，同时从根本上消除陈行水源地时常受咸潮入侵的困扰，大大提高了供水安全性。

图 6-5　陈行水库系统图

青草沙水源地位于上海市长兴岛头部的中央沙和北部的青草沙水域(详见图 6-6)。工程由长江取水泵闸工程、水库工程、输水泵站工程、过江管线工程和陆域管线组成，供水规模为 719 万 m^3/d。

长江取水工程采用泵闸联合运行，闸的功能是在非咸潮期自流引水入库以减少水库运行成本。在水库上下游分设水闸一座，上游水闸以引水为主，闸净宽 72m，下游水闸除具有引水功能外，主要起排水作用，以增加水库水体流动性和缩短水体在库内停留时间，减少水库富营养化风险，闸净宽 20m，泵的功能则在咸潮初期提水预蓄满库避咸和咸潮期抢水，规模为 $180m^3/s$。

水库总面积约为 $67km^2$，水库总库容超过 5 亿 m^3；输水泵站规模为 719 万 m^3/d，其中长兴岛 11 万 m^3/d，长江过江 708 万 m^3/d；过江管(详见图 6-7)在上海长江隧道下游约 80m 处，登陆点在浦东五号沟，全长约 7.8km，过江管采用重力流盾构方案或压力流顶管方案；陆域管线由长兴岛陆和大陆两部分组成。

工程于 2006 年底或 2007 年初开工建设，预计 2009 年竣工，2010 年上半年建成投产，届时受益人口将超过 1000 万人，从而彻底地改变上海城市供水格局(详见图 6-8)，极大地改善上海市饮用水水质。

图 6-6 青草沙水库图

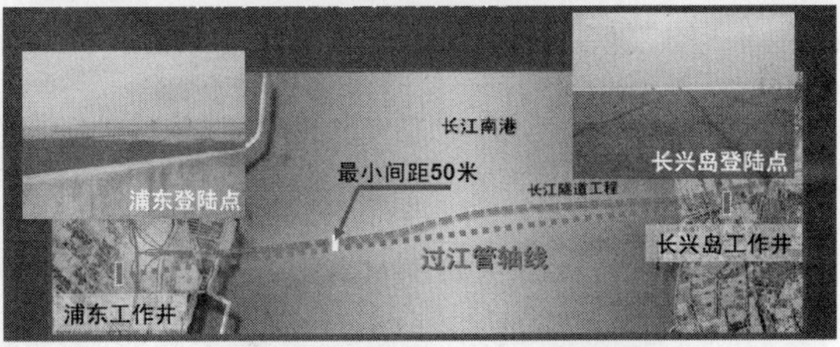

图 6-7 过江线路平面示意图

图 6-8 青草沙水源地建成后的上海水源地格局

66. 为何说河口治理可为水资源开发利用创造有利条件？

长江河口治理包括北支和南支河道治理。北支河道治理的主要指导思想是减轻或完全杜绝北支水沙盐倒灌南支，并尽可能减缓北支的淤积速率；南支河道治理的主要指导思想是控制河势和稳定航道。

20多年来盐度实测资料及盐度场数值模拟计算论证结果表明，北支咸潮倒灌南支是导致南支氯化物含量超标的主要因素，因此，能否通过工程措施控制北支咸潮倒灌，是能否保障南支水源地开发利用的关键因素。在长江河口治理规划中，经综合论证提出北支治理方案为：近期在北支下段实施缩窄工程，远期可在缩窄工程的基础上进一步研究实施挡潮闸工程或其他可能的工程方案。盐度场数值模拟计算论证结果表明，北支下段缩窄工程实施后（详见图6-9），南支水源地水域氯化物含量可大幅度降低（见图），对水源地可供水能力的关键参数变化起到重要作用，即取水口处氯化物超标最长连续天数可减少40%～50%，一个库可发挥两个库的效益。若今后进一步实施北支挡潮闸工程或其他可能的工程方案，则南支水源地氯化物超标最长连续天数可减少70%～100%，效益更为明显。

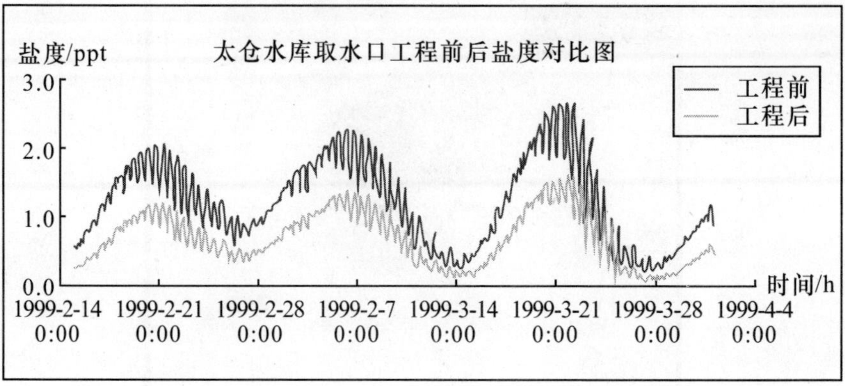

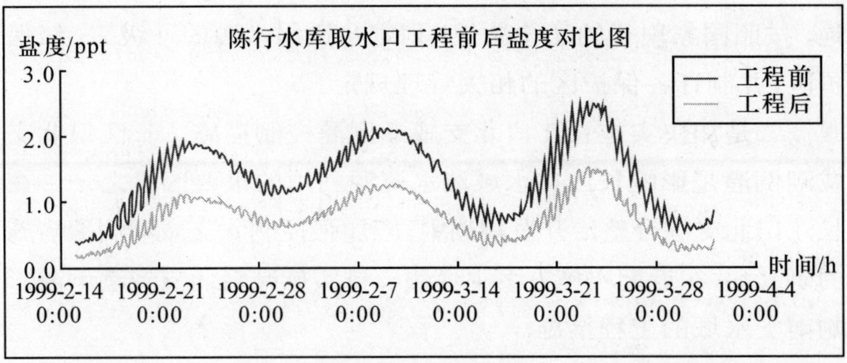

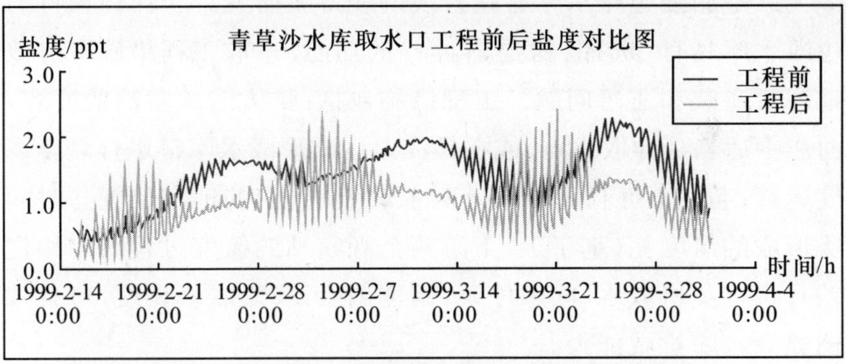

图 6-9　北支缩窄工程实施前后水源地水域盐度变化

水源地供水运行方式是通过开泵(或开闸)引长江水入库,再通过开泵从库内取水送至各自来水厂。青草沙水库及长江取水口位于南北港分流口附近,而南北港分流口是长江河口最不稳定的河段,分流口的变化直接对取水口及水库大堤的安全运行构成威胁。在长江河口治理中,经综合论证,对南北港分流口治理方案提出了稳定暗沙、稳定南北港分流通道的工程措施。因此,长江河口治理可起到稳定南北港分流口的作用,为青草沙水源地长期安全运行提供保障。

67. 怎样为水源地安全运行保驾护航?

为了给长江河口水源地安全运行保驾护航,在长江河口治理规划中提出以下措施:

一是划定保护区。根据长江三角洲主要城市在长江口规划的水源地建设,对陈行水域、青草沙水域、太仓浪港、南通等水源地，按照国家现行的法律法规，划定各饮用水源的一级、二级保护区，并制订各保护区的相关管理规定。

二是加快实施长江口北支咸潮倒灌控制措施。长江口北支咸潮倒灌是影响长江口水域淡水资源利用的重要因素之一。在长江口北支综合整治开发规划中，应加强控制北支咸潮倒灌措施的研究，并在近期实施方案中尽快安排实施减轻北支咸潮倒灌影响南支水域的工程措施。

三是加强边滩水库避咸蓄淡调度方案研究。长江口独特的边滩水库具有“选择、稳定、自净”的功能，采取工程措施可有效地解决避咸和避污问题。工程措施包括：扩大避咸蓄淡的库容，向江中适当延伸取水点，或在长江口边滩形成水库链进行联合调度运行；同时，可利用水库链取水口上、下游的地理位置与时间所形成的氯度差（基于上、下游两个观察站的氯度过程线的相位差），进行契机取水、间歇停泵、错位调度，实施联合调度，可有效地提高水库抗咸能力。

四是加强水源地水质监测和动态跟踪能力。城市暴雨过后，地表水污染加重，因此除坚持每月的常规监测外，还应增加暴雨过后水源地的水质监测。对水源地周围如发生突发水污染事故，应有相应的应急处理预案。根据水源地的水质监测资料，建立水源地水质管理信息库，做好水源地水质趋势分析，为制定水源地保护的对策与措施提供科学依据。

五是水资源保护对策措施。为保证长江河口各功能区水质控制的目标，提出了应采取相应的工程措施和非工程措施。工程措施主要包括提高沿江城市污水处理水平，加强工业污染控制，实施排污口整治工程，加强面源污染控制和流动污染源控制以及通过实施水工程合理调度维持河口生态环境用水等；非工程措施主要包括强化水资源保护监督管理，积极推进节水型经济和节水型社会建设，建立和完善水资源保护投入机制以及加强宣传教育，提高全民的水资源保护意识等。

七、滩涂、岸线开发利用

（专家：侯卫国）

侯卫国，男，1970年1月出生，湖北荆州人，大学本科学历，高级工程师。

1990年7月毕业于武汉水利电力大学河流泥沙及治河工程系，分配在水利部长江水利委员会设计院规划处从事河道整治规划及设计工作，曾主持和参加了长江中下游干流河道整治规划、长江口综合整治开发规划、南京河段二期河道整治工程、长江中下游干流河道采砂规划等70余个大、中型项目的规划或设计工作，特别在河口治理、规划方面有较丰富的经验，是长江口综合整治开发规划的主要汇编者及编写者之一，在长江口综合整治开发规划修订工作中，编写了《长江口湿地保护与滩涂开发利用规划》及《长江口岸线开发利用规划》。

68. 河口地区的滩涂是怎样形成的？其分布有何特点？

滩涂是水流与泥沙相互作用的产物。河口地区之所以形成广阔的滩涂资源，与该地区具备丰富的泥沙资源密切相关，河口泥沙来源无外乎两个，一是上游径流挟带而下的流域来沙，二是随潮流而上的海域来沙。海域来沙组成较复杂，有的是从海岸或海底沙洲、浅滩，被风浪、潮流冲刷洗掘而悬浮起来，再随潮流带入河口；有的是汛期被径流输移至外海，枯季在海洋动力作用下，又返回河口；还有一部分来自邻近河口，如杭州湾一部分泥沙来源于长江河口。据有关资料统计，通过大通站下泄到河口的泥沙约有 50% 在河口地区沉积形成边滩、沙洲、河口拦门沙和水下三角洲，剩下的 50% 经过东海沿岸流系的输移扩散分别进入杭州湾、浙东沿海、苏北吕四以南海域及东海陆架水域。

从物理学的角度分析，河口地区滩涂的形成有两种机理：一是河道放宽，水流流速降低，导致泥沙落淤；二是河口悬移质中有很多颗粒极细的粘粒和胶粒，遇到有一定含盐量的水流，便会产生絮凝现象，从而加大泥沙的沉降速度。据南京水利科学研究院的试验，含盐量在 3‰ 以下，沉降速度增加缓慢，含盐量在 3‰～20‰，沉降速度增加较快。含盐量在 20‰ 以上，沉降速度不再增加。

目前长江口地区的滩涂资源主要分布在：新通海沙、白茆小沙、白茆沙、扁担沙、中央沙、青草沙、堡镇沙、外团结沙、瑞丰沙、南汇边滩、横沙东滩、铜沙浅滩、九段沙、杭州湾北岸、新跃沙、新村沙、崇明北缘以及崇明东滩等地区。根据 2003 年 3 月的水下地形图测算，0m 等深线以上滩涂总计约 7.62 万 hm^2（114.3 万亩），2m 等深线以上滩涂总计约 13.95 万 hm^2（209.3 万亩），5m 等深线以上滩涂总计约 26.3 万 hm^2（394.6 万亩）。

河口地区受径流与潮流的双重作用，在口门附近存在一个滞留区域，该区域底部处于下泄流转变为上溯流状态，从上游下泄的泥沙和从下游上溯的泥沙都在这里集中。此外，流域来的细颗粒泥沙遇到咸水后，大量絮凝沉至底部，也被底部上溯流带往滞留点附近集中。因此，这一区域往往存在一个高含沙区域。实测资料表明，河口高含沙区域的存在，直接影响到河床的淤积，不少河口在滞留区的范围内都存在明显的浅滩，长江口地区也不例外，如崇明东滩、横沙东滩、南汇边滩、铜沙浅滩、九段沙等，0m 以上面积占滩涂总量的 64.1%,-5m 以上滩涂占总量的 78.9%。

69. 长江口地区平均每年约淤涨多少滩涂？

长江口地区滩涂的淤涨速率与上游的输沙量密切相关。据实测资料统计，大通站 1950 ～ 2001 年多年平均输沙量约 4.30 亿 t。根据河口地区多年来滩涂围垦的有关数据初步估算，通过大通站下泄到河口的泥沙约有 50% 在河口地区沉积形成边滩、沙洲、河口拦门沙和水下三角洲。通过泥沙输移和沉积，以及泥沙的再悬浮和口内外泥沙的交换，这部分泥沙年自然造陆为 1500 ～ $3000hm^2$。

三峡工程蓄水运用后，大通站来沙量将随三峡出库沙量和长江中下游河床冲淤变化而变化。三峡水库运用初期 20 年末，出库沙量减少 70%，经长江中下游长距离冲刷补给及沿程支流入汇，至大通站，年输沙量恢复到其多年平均值 4.33 亿 t 的 75%；水库运用 50 年末，出库沙量增加，且坝下游宜昌至武汉河段冲刷基本完成或停止，武汉以下河段处于冲刷阶段，大通站来沙量达到多年平均值的 86%。

三峡工程蓄水运用后，大通站来沙的变化还表现在不同粒径组泥沙来量与多年平均值相比有不同的变化。小于 0.01mm 的泥沙来量变化较小；大于 0.1mm 的泥沙来量虽百分数有所增加，但其量相对悬沙总量而言仍较小；而 0.01mm ～ 0.1mm 之间的泥沙减少较多，在水库运用初期 20 年，至大通这部分泥沙来量较多年平均值减少了 51%～ 55%，至第 50 年，大通站这部分泥沙来量减少 37%。

综合上述分析可知，三峡水库运用 50 年内，长江口将平均每年少接纳泥沙 0.852 亿～1.649 亿 t。实际上，根据近两三年的实测数据，大通年输沙量减小幅度远大于上述数据。同时，不同粒径泥沙来量随时间变化不同，以 0.01mm～0.1mm 的泥沙来量变化较大。在泥沙总量减少及泥沙结构变化的共同作用下，将导致长江口的滩涂淤涨速率降低。

70. 什么是湿地？为什么长江口目前迫切需要协调好滩涂开发与湿地保护之间的矛盾？

首先我们谈谈湿地的定义。湿地是地球上一种重要的生态系统，它处于陆地生态系统（如森林和草地）与水生生态系统（如深水湖和海洋）之间。湿地目前有广义和狭义两种定义。

狭义的湿地是指同时具备水饱和或淹浅水、水成土（在生长季足够长时间内，在不排水的条件下是饱和的、淹水的或成塘的，形成有利于水生植物生长和繁殖的无氧条件的土壤）和水生植的土地，狭义的湿地包括各种类型的沼泽、湿草地、浅水湖泊，但不包括河流、水库和深水湖。

广义的湿地是指具备水文条件的土地，其至少应具备以下一种特征：(1)周期性地以水生植物为植物优势种；(2)底层土主要是湿土；(3)在每年的生长季节，底层有时被水淹没。

简而言之，只要有周期性淹水和水成土的土地就可以称为湿地。目前我国的湿地研究及管理尚处于起步阶段，一般定义如下：湿地是水位经常在地表或接近地表或为浅水所覆盖的土地，以水成土和土壤水分饱和为其主要特征，主要包括沼泽湿地、湖泊湿地、河流湿地、浅海滩涂湿地以及人工湿地（稻田、水库等）等几大类。

湿地是自然界富有生物多样性和较高生产力的生态系统。它不但具有丰富的资源，还有巨大的环境调节功能和生态效益。各类湿地在提供水资源、调节气候、涵养水源，均化洪水、促淤造陆、降解污染物，保护生物多样性和为人类提供生产、生活资源方面发挥了重要作用。

(1)湿地的生态效益

①维持生物多样性

依赖湿地生存、繁衍的野生动植物极为丰富,中国许多湿地是具有国际意义的珍稀水禽、鱼类的栖息地,为其提供了丰富的食物和良好的生存繁衍空间,对物种保存和保护物种多样性发挥着重要作用。在40多种国家一级保护的鸟类中,约有1/2生活在湿地中。中国是湿地生物多样性最丰富的国家之一,亚洲57种处于濒危状态的鸟,在中国湿地已发现有31种。

湿地还是重要的遗传基因库,对维持野生物种种群的存续、筛选和改良具有重要意义。中国利用野生稻杂交培养的水稻新品种具有高产、优质、抗病等特性,在提高粮食生产方面产生了巨大效益。

②调蓄洪水,防止自然灾害

湿地在蓄水、调节河川径流、补给地下水和维持区域水平衡中发挥着重要作用,是蓄水防洪的天然"海绵"。我国降水的季节分配和年度分配不均匀,储存天然降雨,河流过多的水量通过天然和人工湿地的调节,从而避免发生洪水灾害,保证工农业生产有稳定的水源供给。长江中下游的洞庭湖、鄱阳湖、太湖等许多湖泊曾经发挥着重要的储水功能,防止了无数次洪涝灾害;人工湿地一水库在防洪、抗旱方面发挥了巨大的作用。沿海许多湿地抵御波浪和海潮的冲击,防止了风浪对海岸的侵蚀。此外,湿地的蒸发在附近区域制造降雨,使区域气候条件稳定,具有调节区域气候作用。

③净化环境

随着工农业生产和人类其他活动以及径流等自然过程带来农药、工业污染物、有毒物质进入湿地,湿地物理、生物和化学过程可使有毒物质降解和转化。

(2)湿地的经济效益

湿地是全球价值最高的生态系统,据联合国环境署2002年的权威研究数据表明，一公顷湿地生态系统每年创造的价值高达1.4万美元，是热带雨林的7倍，是农田生态系统的160倍。湿地主要具有以下经济效益：

①提供丰富的动植物产品

中国的农业、渔业、牧业和副业生产在相当程度上要依赖于湿地提供的自然资源。中国鱼产量和水稻产量都居世界第一位。湿地提供的莲、藕、菱、芡及浅海水域的一些鱼、虾、贝、藻类等都是富有营养的副食品。有些湿地动植物还可入药。许多动植物还是发展轻工业的重要原材料，如芦苇就是重要的造纸原料。湿地动植物资源的利用还间接带动了加工业的发展。

②提供水资源

湿地是人类发展工、农业生产用水和城市生活用水的主要来源。我国众多的沼泽、河流、湖泊和水库在输水、储水和供水方面发挥着巨大效益。

③提供矿物资源

湿地中有各种矿砂和盐类资源。中国的青藏、蒙新地区的碱水湖和盐湖，分布相对集中，盐的种类齐全，储量极大。盐湖中不仅赋存大量的食盐、芒硝、天然碱、石膏等普通盐类，而且还富集着硼、锂等多种稀有元素。中国一些重要油田，大都分布在湿地区域，开发利用湿地的地下油汽资源在国民经济中的意义重大。

④能源和水运

湿地能够提供多种能源，水电在中国电力供应中占有重要地位，水能蕴藏占世界第一位，达6.8亿kW，有着巨大的开发潜力。我国沿海多河口港湾，蕴藏着巨大的潮汐能。从湿地中直接采挖泥炭用于燃烧，湿地中的林草作为薪材，是湿地周边农村中重要的能源来源；湿地有着重要的水运价值，沿海沿江地区经济的快速发展，很大程度上是受惠于此。中国约有10万kW内河航道，内陆水运承担了大约30%的货运量。

(3)湿地的社会效益

湿地具有自然观光、旅游、娱乐等美学方面的功能，中国有许多重要的旅游风景区都分布在湿地区域。滨海的沙滩、海水是重要的旅游资源，还有不少自然景色壮观秀丽的湖泊是旅游和疗养的圣地，如滇池、太湖、洱海、杭州西湖等，除可创造直接的经济效益外，还具有重要的文化价值。尤其是城市中的水体，在美化环境、调节气候、为居民提供休憩空间方面有着重要的社会效益。

长期以来，为解决日益增长的人口对土地及粮食的需求，长江口地区开展了大规模的滩涂圈围。以上海市为例，1949～2000年，上海市圈围滩涂面积达 8.43 万 hm^2(126.45 万亩)，约占上海市现有土地面积的 13.3%，其中绝大部分位于长江口沿岸。通过近几十年来的圈围，长江口地区高滩大多已经围垦，目前剩下的多为中、低滩，今后的滩涂圈围将主要以中、低滩为主。

长江口地区特殊的地理环境、温暖湿润的季风气候，上游江水带来的丰富营养盐类、有机物和饵料，使该地区成为 132 种鱼类、27 种底栖生物、198 种鸟类的栖息地。对中低滩的圈围将破坏生物的栖息地，可能影响到水生生物的繁衍。

随着经济的高速发展，对土地的需求将越来越迫切。解决土地需求的途径是利用现有耕地及滩涂圈围造地。由于保障粮食安全为我国的基本国策之一，国家对占用耕地有严格的控制。目前耕地减少在全国是比较普遍的现象，为了抑制耕地减少的势头，新的土地法规定必须占一补一。今后在开发建设中，每占用一亩耕地，就必须补偿一亩土地，相当于圈围 1.6 亩滩涂地。因此，滩涂圈围是实现土地动态平衡的途径之一，而过度的滩涂圈围又会对长江口的湿地环境带来一定程度的负面影响。因此，长江口目前迫切需要制定科学的圈围规划，在满足经济建设需求的同时，要顺应河势自然演变规律，协调好滩涂开发与湿地保护之间的矛盾。

71. 为什么说科学、适度围垦滩涂是长江口综合整治的重要措施？

由于河道放宽以及盐淡水的混合作用，长江每年下泄的大量泥沙在河口地区沉积，造就了长江口地区丰富的滩涂资源。这些滩涂资源一部分以边滩的形式存在，一部分以江中暗沙或沙洲的形式存在，导致河道中暗沙罗列、水流分散，如历史上的徐六泾至白茆河口水域，河宽达 13km 之多，河道中分布有老狼山沙、通海沙、江心沙等暗沙，其下游随着河道的放宽，暗沙数目更多，特别是长兴岛水域，暗沙多达 6 个。由于受上游河势变化、大洪水的作用以及潮汐运动等外部因素的影响，以及河道宽阔、底沙粒径细这些内部因素的作用，暗沙分裂、搬移及合并的现象频繁发生，往往由于某种因素导致某一通道兴衰或某一沙体位移，而引起该水域其他沙体或其他水流通道的连锁反应，可以说“牵一发而动全身”。因此，长江口河段历史上水流通道频繁兴衰，河道主流大幅摆动，滩槽大幅冲淤，河势动荡不定。

近两千多年以来，长江下泄的大量泥沙在河口地区不断沉积，随着一部分支汊的衰亡，江中一部分暗沙纷纷并岸，再加上人工的围垦，导致河宽不断缩窄，长江口从漏斗状的河口湾演变成现在的分汊河口，口门宽度由 2000 ～ 3000 年前的 180km 束窄到现在的 90km 左右，河道形成目前三级分汊、四口入海的扇形分汊格局。同时，河口由镇江、扬州一带下移至江阴，再下移至徐六泾。河口的下移总是伴随着沙体的并岸，河宽的缩窄：河口由镇扬下移到江阴的过程中，有记载的主要有马驮沙的并岸，由江阴下移到徐六泾的过程中，并岸的大的沙洲自上而下南岸有浏海沙、常阴沙，北岸有海北港沙、又来沙、通海沙、江心沙。总体而言，长江口总体河道演变表现为主流南偏、沙岛并岸、河宽缩窄、河口外延。

由于受科氏力的影响，涨潮流偏北，落潮流偏南，相对宽阔的河道为涨落潮流路的分离提供了空间。涨落潮流路的分离使得泥沙易于落淤形成暗沙。同时，涨落潮存在相位差，导致暗沙南、北水道之间产生水位差，从而产生横向漫滩水流。在一定的水流和地形条件下，发生切滩而形成新的通道，从而引起滩槽的频繁变迁和河势的动荡。如：如皋沙群段历史上江面宽阔，河道中暗沙罗列，主流先是在海北沙南、北水道之间大幅摆动，随着海北港沙并入北岸，河道中又生成又来沙，又来沙水道又重复海北港沙水道的演变过程，直至又来沙并入北岸以后，河宽大幅缩窄，加上人工的控制作用，主流失去了大幅摆动的空间，才一直稳定在了浏海沙南水道。又如：历史上长兴岛水域为一大片暗沙，经过两百多年冲淤变迁，至20世纪中叶还是石头沙、瑞丰沙、潘家沙、鸭窝沙、金带沙、圆圆沙六沙并存的局面，水流分散，河势动荡。到了20世纪60、70年代，通过抛石筑坝封堵沙体之间的泓道，同时对边界圈围成陆，南、北港之间的水流交换被隔断，南、北港河势变化幅度大大减小。同时1958年海塘的全面加固及1960～1965年间修筑的护岸工程，使横沙岛的边界得到固定，南、北港下边界下延，南、北港河段的河势稳定性得到了加强。从上面的过程可以看出，河道缩窄的过程就是河道中沙洲并岸的过程，也就是河道主流从大幅度摆动到摆动幅度逐渐减小、收敛的过程。

从水流动力条件来看，长江中下游河道的演变过程是从潮汐作用占主导地位向径流作用及潮汐作用并存转化，再转化为径流作用占主导地位，最后转化为完全由径流控制。当然，沧海桑田，这一过程非常漫长。

近50年，长江口南、北支先后并岸的滩涂南支有通海沙、江心沙、老白茆沙，北支有圩角沙、永隆沙、灵甸沙、新隆沙等。虽然目前南、北支河道中仍分布着众多的水下暗沙，这些暗沙的游移不定常常导致长江口河势产生较大的变化，但总体而言，河势是在向稳定的方向发展。如徐六泾节点段在北岸的通海沙、江心沙围垦以前，主流摆动的幅度达6.2km，徐六泾人工节点形成后，减小到1.4km，近年缩小到400m左右。同样，其下游的白茆沙汊道，徐六泾节点形成前，主流在白茆沙南、北水道之间大幅摆动，但自20世纪50年代以来，一直稳定在白茆沙南水道。

综上所述，顺应河道的演变趋势，在维持长江口湿地动态平衡的基础上，对滩涂适度促淤、圈围，有利于河势的稳定，同时还可增加土地及深水岸线资源，在一定程度上缓解了国民经济发展对两者的需求。根据《长江口综合整治开发规划要点报告》的安排，结合河势控制的要求，至2010年，通过适度圈围滩涂，长江口地区将新增加深水岸线39.31km，新增土地4.16万hm^2(62.42万亩)。因此，适度圈围滩涂是长江口综合整治的重要举措。

72. 长江口滩涂的生态价值如何？

长江口的滩涂价值按海拔高程可分成潮间带滩涂湿地和潮下带水下湿地，其生态价值是不一样的。潮间带滩涂湿地的植物分布以芦苇、海三棱藨草和藨草群落为主，这里是198种鸟类、7种两栖类动物及多种昆虫的栖息地。其中鸟类有留鸟12种，夏候鸟27种，冬候鸟60种，旅鸟99种；两栖类动物以泽蛙和中华大蟾蜍为主，主要分布于靠近堤岸的芦苇带中，以昆虫为食。

潮下带水下湿地分布着十分丰富的浮游植物、浮游动物、底栖动物，大型种类主要是甲壳动物和软体动物，以软体动物为主。

长江口湿地为鸟类提供了丰富的食物来源和良好的栖息环境，是亚太地区候鸟迁徙路径上的重要“驿站”之一，也是雁鸭类水禽越冬的理想之地。此外，潮间带湿地和潮下带湿地还是重要的苗种资源日本鳗鲡苗和中华绒鳌蟹蟹苗的生长栖息地，其中崇明东滩鸟类自然保护区的一部分(潮下带湿地)是中华鲟幼鱼的栖息活动场所。目前，长江口湿地自然保护区主要有崇明东滩鸟类自然保护区、九段沙自然保护区和长江口北支湿地自然保护区。

73. 为什么说按照长江口综合整治开发规划的要求合理围垦滩涂，可以做到湿地资源的动态平衡？

根据长江口综合整治开发的总体要求、湿地保护要求、各滩涂的演变趋势、高程特征、圈围工程实施后的相关影响、上海及江苏的土地利用总体规划以及其他部门规划等因素，综合确定2020年长江口滩涂开发利用总体规模为5.4万hm^2(81.01万亩)，其中青草沙圈围后由滨海湿地转化为了人工湿地。根据1998年的统计资料，本规划涉及范围内的湿地面积约34.73万hm^2(520.91万亩)，在不考虑自然淤涨的情况下，这些圈围过程实施后，实际湿地面积减小71.32km^2，即2020年湿地面积将减至29.97万hm^2(449.59万亩)；但考虑到河口地区泥沙沉积对滩涂淤涨的影响，按年平均淤涨0.21万hm^2(3.2万亩)计算，约新淤涨滩地4.69万hm^2(70.4万亩)，到2020年湿地面积约34.67万hm^2(519.99万亩)，与目前湿地面积基本平衡，从而可基本上维持湿地面积的平衡。但圈围可能造成长江口高滩湿地面积的减小，为维持湿地结构的平衡，本次规划在近远期安排促淤8.24万hm^2(123.6万亩)。

74. 长江口综合整治开发规划中，对哪些生态敏感区的滩涂实施了重点保护？

长江口地区涉及的生态敏感区主要有崇明东滩鸟类自然保护区、中华鲟幼苗自然保护区、九段沙湿地自然保护区和长江口(北支)湿地自然保护区。

崇明东滩鸟类自然保护区由上海市政府批准于1998年建立，为上海市级自然保护区。该自然保护区位于崇明岛东端，是上海市境内发育最完善、规模最大的河口型潮汐滩涂湿地。崇明东滩南起奚家港，北至八滧港，西以1968年建成的围堤为界线，东至吴淞标高0m线以上的滩涂以远3000m水线为界，仿半圆形航道线内属崇明岛的水域、陆地和滩涂。整个东滩湿地由团结沙、东旺沙、北八滧三块组成，东西宽25.16km、南北长25.33km，总面积为326.20km^2。崇明东滩湿地是一块淤涨型的动态滩涂，目前每年平均向东海延伸150～230m，滩涂的高程也在升高，推动潮上滩和高潮滩的淤积并向着低潮滩的演替。

崇明东滩鸟类自然保护区是典型的生物群落处于不断演替

过程中的海滨湿地生态系统，湿地资源和生物资源十分丰富，区内滩涂平坦辽阔，有大片淡水到微咸水的沼泽地、潮沟和潮间带滩涂。东滩气候温和，饵料丰富，加之海堤内有许多大小不等的农田、鱼塘、蟹塘和芦苇塘，是迁徙于南北半球之间的候鸟的重要歇息地和补充营养的中转站、繁殖地和越冬地。保护区内有高等植物200余种、除鸟类外的陆生脊椎动物10多种、陆生无脊椎动物200余种、水生动物100多种。目前已记录到的鸟类有312种，其中湿地鸟类为108种，占中国湿地鸟类已知物种300种的36%。崇明东滩鸟类自然保护区被列入国家保护动物的珍稀鸟类有11种。崇明东滩鸟类多为冬候鸟和旅鸟，两者约占崇明东滩鸟类的80%左右。迁徙鸟类主要是鸻鹬类、雁鸭类、鹤类群和鸥类群，其中属于中日、中澳《保护候鸟及其栖息环境的协定》所列的保护鸟类分别有72种和37种，其物种在丰富度上是上海地区同类型生境中最高的。

长江口中华鲟幼苗自然保护区由上海市于2002年4月建立，主体与崇明东滩鸟类自然保护区近乎重叠。

九段沙湿地自然保护区建立于2000年6月，为上海市市级自然保护区，位于横沙岛与川沙、南汇边滩之间，是一个河口区域典型的沙洲湿地，目前无人居住，每年仍然以400m的速度向外扩展。九段沙是长江口最靠外海的湿地，是上海市规模最大、发育最好的河口型潮汐滩涂湿地，是国际意义上的二级湿地生态系统。目前九段沙基本保持原始自然状态，它的原生态湿地自然生态系统是研究河口沙洲演变和植被演替的天然实验室，是国内外重要的生态敏感区域。保护区主要保护对象是鸟类和河口沙洲地貌。保护区主要由上沙、中沙和下沙3个沙洲组成，东西长约50km，南北宽约15km，总面积500多km^2，吴淞0m以上145km^2。九段沙具有丰富的生物资源。据调查，现在共有各种鱼类167种，浮游动物105种，浮游植物126种，鸟类100余种，记录鸟类1476只。其潮间带是中华绒螯蟹重要的繁育地，周缘水域是日本鳗鲡的鳗苗的洄游场所，中华鲟、白鲟的幼鱼栖息区域。它处于太平洋西岸的候鸟迁移带上，是鸟类迁飞的重要驿站，也是候鸟越冬的良好场所。

长江口北支湿地自然保护区建立于2002年10月，是江苏省省级自然保护区。保护区总面积为477.34km^2，包括带鱼沙、新隆沙、新隆东沙、东阴沙、东兴沙、启兴沙等以及北支低潮位-6m以内的广阔水域。其保护对象为典型河口湿地生态系统以及栖息其中的珍稀鸟类如天鹅、丹顶鹤等，濒危洄游水生动物如白鳍豚、江豚、中华鲟、白鲟等，其他经济鱼类、中华绒螯蟹、河鳗、贝类等水产资源。据不完全统计，该自然保护区内有维管束植物240多种(含栽培植物约129种)、浮游植物约23种、鱼类132种、浮游生物64种、潮间带生物25种、底栖生物27种、浮游生物21种、鸟类165种，其中国家Ⅰ级保护鸟类4种，Ⅱ级保护鸟类18种，属《中日保护候鸟及其栖息环境协定》的鸟类106种，其他国家Ⅰ级保护动物1种，Ⅱ级保护动物4种。

根据长江口湿地分级与分类保护的原则，长江口的湿地分为三级：一级保护湿地禁止开发利用；二级保护湿地控制开发利用的规模；三级保护湿地开发利用与保护兼顾。一级保护湿地包括崇明东滩、九段沙、长江口北支湿地等自然保护区的核心区、缓冲区；二级保护湿地包括崇明岛周缘地区(东滩除外)、长江口北支湿地保护区和九段沙湿地保护区的周缘地区、南汇边滩、横沙浅滩；三级保护湿地，包括除上述区域以外的沿江沿海滩涂湿地(主要有杭州湾北部滩涂湿地、长江沿岸滩涂湿地)。

在长江口综合整治规划的过程中，充分兼顾了湿地保护的要求。主要体现在以下几方面：(1)在研究北支综合整治措施的过程中，根据控制北支咸潮倒灌的要求，提出了大、小两个方案，两方案均包括对崇明东滩的圈围。通过比选，大方案相对来说，无论是减轻咸潮倒灌以及北支河道减淤的效果都要优于小方案，但考虑到湿地保护的要求，在大方案的基础上取消了对东滩的圈围，同时将圈围布置线移到江苏、上海省市分界线以内约300m处；(2)对九段沙水域，仅考虑对其中的江亚南沙进行促淤，作为浦东机场兴建后的补偿引鸟基地，其余维持现状；(3)对长江口北支湿地自然保护区，在考虑布置北支河道综合整治方案中，尽量避开其核心区。同时，由于圈围堤线长达30km，在规划中提出了几类分期实施方案，其中考虑的因素之一就是使北支生态系统能够有一渐变的过程，尽量减轻对生态系统的影响。

75. 为什么说岸线资源是不可再生的宝贵自然资源？沿岸经济社会的发展对岸线开发利用提出了哪些要求？

在回答上述问题之前，让我们先谈谈“岸线”的定义。根据《辞海》的解释，“岸线是濒临江、河、湖、海等水域边缘的陆地。在内河中，一般以寻常水位时的陆地和水的分界线为准。在河口或海滨潮区，以寻常潮高水位时的陆地和水的分界线为准”。从开发利用的角度，长江岸线又分为低水岸线、中水岸线及高水岸线。低水岸线是指多年平均低水(潮)位条件下水域与陆域的分界线。中水岸线是指多年平均水(潮)位条件下水域与陆域的分界线。高水岸线是指多年平均高水(潮)位条件下水域与陆域的分界线。从上述定义我们可以看出，长江岸线依托于河道两岸边界或河道中的洲滩边界，无论低水、中水还是高水岸线都是水流与泥沙、地壳运动以及人类活动长期综合作用形成的结果，这一过程是相当漫长的。经过多年的演变以及人工的控制作用，长江中下游的河势总体处于相对稳定状态，河道总体平面形态以及洲滩格局已呈现相对稳定的态势。因此，岸线资源是不可再生的宝贵自然资源。

长江中下游干流河道是长江的“黄金水道”，干流两岸岸线是“黄金岸线”。随着以浦东开发开放为龙头的长江经济带和长江三角洲地区的快速发展，以港口码头、取排水口、绿化建设、过江工程建设等为主的岸线开发利用飞速发展。目前，长江口地区沿江城市河段自然条件较好的岸线大部分已被利用，深水岸线紧缺的矛盾日益凸现，需要结合河道整治工程，开发出可利用的新岸线，同时改善已利用岸线的水域条件，使有限的岸线资源得到最大限度的开发。

目前，上海市提出了建设国际大都市及国际航运中心的目标，经济建设速度日益加快。国际集装箱深水枢纽港和浦东国际机场二期工程的建设，对深水岸线的需求将越来越迫切。同时上海“申博”成功后黄浦江沿线码头将整体外迁，这些码头将安置在吴淞口以下的南岸、长兴岛南缘以及崇明岛南缘，另外，上海市还以此为契机，提出了建设国际造船中心的目标，这些目标的实施都对深水岸线的开发利用有较高的需求。

中央提出“以浦东开发开放为龙头，带动长江流域经济新飞跃”战略以来，江苏省河口地区在上海市的辐射下，凭借其优越的地理条件以及便利的交通条件等有利条件，成为外商投资的热点。江苏省在国民经济及社会发展目标纲要中明确指出：“开发长江沿岸，以外向型经济为导向，建设沿江经济技术开发区为出口基地，重点发展临江型工业，逐步形成滨江基础产业带。”在此目标指引下，长江口地区沿江产业布局的实施和外向型经济的蓬勃发展必然对沿江岸线资源产生强烈需求，对岸线开发利用提出了更高的要求。如太仓港被国家计委、交通部明确为上海国际航运中心北翼干线港，并将逐步发展成为以国际集装箱运输为主，相应开展石油化工品及临江工业的原材料和产成品运输的多功能、综合性港口。据预测，到2010年太仓港集装箱吞吐量将达到180万TEU，2020年达到330万TEU。目前港区经济虽也有一定的发展，但进展较缓慢，尚不能形成规模经济。据2002年资料统计，港区GDP为9.7亿元，财政收入1.4亿元，分别仅占全市的5.36%和8.77%，与“以港兴市”的战略规划极不相适应。因此，太仓市开发境内长约38.8km的长江深水岸线就显得十分迫切。近两年来，太仓港的开发进入了一个高峰期，已经建成的有美孚码头，长江石化码头，太仓环保电厂，中远国际城（太仓港一期工程），华能电厂码头及灰场，太海汽渡码头等。正在建设的有太仓港二期工程、太仓水厂等。近期规划建设的有太仓港三期工程、四期工程，苏源电厂、玖龙纸业、荣文(苏州)休闲中心围滩吹填工程，武钢矿石码头，华能电厂扩建工程，太仓环保电厂二、三、四期工程等。这些项目的实施，将有利于太仓市实现以港兴市，2010年GDP比2000年翻一番半的目标。

常熟港虽然拥有37km的长江岸线，但大部分位于福山水道及白茆小沙夹槽内，仅常浒河以下1.4km岸线水域条件较好，但该区域内目前已兴建有兴华港区，辖区内的深水岸线资源已所剩无几。岸线资源的紧缺已经影响到常熟国民经济的发展。

通州、海门两市对开发长江岸线也有非常迫切的要求。目前通州市的江海港区基本分布在通州沙水道新开沙夹槽内。新开沙夹槽的水域条件限制了港区的发展，急需开辟新的深水岸线；海门市岸线一部分位于北支内，另外一部分位于徐六泾节点段北岸。北支目前由于河槽萎缩，已基本丧失航运功能。徐六泾北岸的6.9km岸线也因为其外缘为宽阔的新通海沙而无法利用。因此，两市的社会经济发展迫切需要通过系统的河道整治开发新的宜港岸线。

目前，“以港兴市”已成为长江口地区沿江城市的共同发展战略，沿江各市以港口为依托建立了各类各级开发区。以港口为直接依托的临江开发区以其得天独厚的水运条件成为开发热点，一些大项目纷纷来此安家。如常熟经济开发区的夏普办公设备有限公司、亚太纸业，太仓的华能电厂、远太国际城市等。这些项目的原材料和产品的运输绝大多数依靠水运完成，需要有足够的港区岸线作为保证。同时，随着城市逐步向江边发展，城市生活岸线、城市基础设施岸线等一系列城市自身发展的要求也需要一定的岸线资源。

因此，长江口沿岸地区经济社会的发展不仅需要长江口河道维持或改善目前深水岸线的水域条件，还需要通过长江口综合治理，开发新的岸线资源，以保障沿江地区国民经济的可持续发展。

76. 目前长江口沿岸共有多少岸线？其中深水岸线有多少？

长江口的起点从徐六泾开始，南支至口外50号灯标，北支至连兴港，河道中大的出水沙洲有崇明岛、长兴岛、横沙岛。长江口目前是三级分汊、四口入海的格局，形成这一格局经历了两千多年的时间。目前，河口还在进一步外延、沙体也有所淤高，如崇明东滩平均每年仍然在以150多m的速率外伸，九段沙年淤涨速率更达300～500m/a之多。因此，兼顾开发利用的需要，我们所说的长江口岸线特指现状下的高水岸线，即近岸（含洲滩）达到2m高程以上的滩岸。同时，长江口的河势总体虽相对稳定，但局部河势的变化仍然较大，这就导致了长江口的深水岸线也是一个动态的概念，有些目前水域条件较好的岸线可能由于局部河势的变化，水域条件在向恶化的方向发展，而有些地段结合河道整治工程可以形成宜于建设深水良港的深水岸线。鉴于以上原因，结合开发利用的要求，长江口地区的深水岸线是指近岸（特指主江堤）2～3km以内的河道中长期具有能够满足10m水深的稳定深槽的滩岸。

根据这一定义，依据2003年的地形图测算，长江口岸线总长约541km，其中南岸（徐六泾至南汇嘴）长约146km。北岸岸线（水山围堤至连兴港）长约101km，崇明岛岸线长约192km，长兴岛岸线长约72km，横沙岛岸线长约30km。目前深水岸线长约133km。

77. 目前的岸线开发利用主要有哪些方式？

目前，长江口岸线开发利用的主要方式有公用港区、工业开发、货主码头、过江通道（含桥梁、过江电塔、过江隧道等）、城市生活（包括取排水口、休闲旅游、水库等）、农业开发等六大类。

78. 目前长江口的岸线开发主要存在哪些问题？为什么说当前长江口岸线的统一规划与管理问题日益突出？

长江口地区岸线开发利用目前主要存在以下问题：

（1）局部岸线资源使用不合理，岸线资源未能充分利用。由于岸线资源使用成本较低，一些企业占用过多岸线，新、老码头之间留有很多空余岸线而无陆域，造成很大的浪费；

（2）因历史的原因，一些小企业、小码头占用了较好的深水岸线，未能体现“深水深用、浅水浅用”的原则，资源未能有效利用；

（3）有的岸线开发利用布局不合理，未能处理好上下游，左右岸的关系；

（4）以港口规划代替岸线利用规划，各部门各自为政，乱占滥用，争抢岸线；

（5）利用方式单调，目前的利用方式主要是修建港口、码头、桥梁等工程，但对绿化、旅游等其他利用方式开发不够；

（6） 岸线开发利用缺乏统一规划。岸线的开发利用涉及经济、技术、资源、资金等方面的问题，必须有系统的规划作为指导，但地方政府在招商引资中存在“以客为主，任客挑选”的情况，缺少统筹规划及长期可持续发展的观念；

（7）现有深水岸线资源匮乏，需要结合长江口综合整治，开发利用潜在的深水岸线。

长江口地区是我国工业最发达、工业化程度最高的地区之一，该地区国民经济的发展对长江“黄金水道”的依赖程度相对较高。近年来，随着浦东开发开放的不断深入，长江口两岸国民经济设施的密度越来越大，以长江口南支南岸为例，从上自下依次分布有常熟港区、太仓港区、陈行水库、宝山钢铁集团公司、外高桥港区、规划建设中的沪崇苏大通道、浦东国际机场、南港北槽深水航道等重要国民经济设施。这些设施的安全运行以及日益增长的人口对淡水资源、土地资源的需求对河势控制提出了不同的要求，同时，不同部门的利益冲突问题也日益严重，如何兼顾岸线开发利用与防洪、河势以及水源地保护的关系、河道取砂与通航安全问题、岸线的统一调配使用问题，等等，这些使得长江口地区的岸线统一规划与管理问题日益突出。

79. 长江口的岸线开发利用为何要进行功能分区？是如何进行功能分区的？

岸线开发利用关系到河势稳定、防洪安全以及其他设施的安全运行等方方面面的问题，加上长江口地区可以说是长江流域各类设施最密集的地区，先期投入营运的设施往往成为后期岸线开发利用的制约因素。如长江口北支因为历史上的种种原因（其中口门围垦导致其进流条件恶化是最主要的原因之一）已经演变为涨潮流占优势的水道，目前分泄长江径流在5%以下。虽然是这样一条总体以淤积萎缩为主的河道，但由于河道两岸的江苏通州、启东、海门地区以及上海市崇明岛均将北支作为主要的排水通道，北支河道两岸分布有众多的排水设施，这些设施的运行都要求延缓北支的淤积萎缩速率，这也就决定了北支上段岸线不能采用缩窄河道过流断面的开发利用方式。又如，常熟市在白茆小沙夹槽内兴建了多处工业码头，目前的现状也决定了河道整治不能将这样一条副槽轻易废弃，保障该条水道内码头的运行水域条件成为河道整治的目标之一。因此，需要在综合把握河道演变趋势以及水流运动规律的前提下，统一考虑河势稳定、防洪安全、生态环境保护以及其他设施安全运行等问题，对长江口的岸线进行功能区划，均衡不同地区、不同部门的利益，以促进经济社会的统一协调发展。

在长江口岸线开发利用规划中，岸线功能分区不是按照岸线使用功能进行划分，而是从水行政主管部门的角度出发，结合河势控制的需要以及国民经济其他部门的需要，以河道综合治理后的岸线为对象，依据其水域条件，对长江口大岸线进行宏观上的功能分区，分为开发利用岸线、保护岸线、保留岸线三大类。

开发利用岸线指用作港区开发、工业开发、过江设施、取排水口、水库等用途的岸线。主要包括新通海沙、白茆小沙下沙体四周、徐六泾至三井村、浏河口南至三甲港、水山围堤至海太汽渡、崇头至东风西沙、南门港至堡镇港、长兴岛四周（含中央沙、青草沙）七大段，共计约232.24km。

保护岸线主要包括两类岸线，一类为生态保护岸线，另一类为控制利用岸线，主要指为维护河势稳定，不能在河道中兴建阻水建筑物的岸线。保护岸线主要包括海太汽渡至大新港、崇头至新跃沙、横沙岛四周、崇明东滩四大段，共计约134.99km。其中前两段为控制利用岸线，后两段为生态保护岸线。

保留岸线包含以下两类：一类是目前的水域条件一般，或正在向深水岸线方向发展，可作为远景港区或工业开发类预留的岸线；另一类是目前为淤涨性岸滩，近岸水域水深较浅，不宜作为港区、工业类开发的岸线，主要包括三井村至江苏上海分界、三甲港至南汇嘴、新建河至南门港、堡镇至团结沙港、新跃沙至崇明岛东端、大新港至连兴港六大段，共计约215.93km。

80. 如何能做到岸线的可持续利用？

为保证岸线的可持续利用，保障社会经济的可持续发展，初步提出了如下想法：

（1）为保证岸线开发利用的有序、健康、持续发展，发挥岸线资源的最大社会、经济效益，应根据《水法》、《河道管理条例》等有关文件精神，并依据长江口综合整治目标，服从防洪的总体安排，全面规划、统筹安排、综合利用、讲求效益、促进各项事业的发展。

（2）建立由流域水行政主管部门统一归口审批的岸线管理制度。岸线开发是一项牵涉上下游、左右岸以及水利、航运、交通、环保、水产、土地、城建等部门关系和利益的复杂工程，必须在权威规划的指导下，统一由地方水行政主管部门协调，建立有关职能单位参加的会商制度，优化确定岸线利用方式和占用长度，并由具备相应资质的单位编制岸线利用防洪影响评价报告，最后报请流域水行政主管部门统一审批。

（3）加快河道综合整治步伐，控制和稳定河势，改善航道水深条件是岸线可持续利用的基础。应尽快启动徐六泾节点及白茆沙河段整治工程，为下游河势稳定及岸线开发利用创造有利条件，加快南北港分流口整治工程的前期工作进程，抓住有利时机，稳定南北港分流口，为南港及北港两岸稳定和开发利用创造有利条件。长江口河道整治工程的实施，不仅可提高现有深水岸线的稳定性，而且可新增部分深水岸线，改善部分岸线的使用条件，为长江口岸线资源的可持续利用创造有利条件。

(4)建立健全岸线有偿使用和影响补偿制度。国家投入大量资金兴建了一系列河道整治工程，为两岸岸线水域条件的稳定创造了有利条件。作为受益方的岸线使用单位应缴纳岸线占用费，以促进长江口的进一步整治。同时，由于目前岸线使用费较低，导致岸线开发成本较低，从而使得很多企业占用较多的深水岸线，不利于岸线资源的可持续利用。由于岸线资源，特别是深水岸线资源是不可再生的稀缺资源，为促进岸线资源的节约利用，应进一步提高岸线使用费的征用标准，提高岸线开发成本，利用经济杠杆作用，进一步提高岸线利用效率，促进岸线资源的可持续利用。

此外，对岸线开发利用所造成的对防洪、排涝、灌溉、航运及水环境等方面造成的不利影响，应由岸线使用单位承担足够的影响补偿费用或采取妥善的处理措施，尽可能减轻对有关方面所造成的不利影响。通过建立健全一整套的影响补偿制度，规范岸线开发利用行为，促进岸线开发利用的有序、协调发展。

八、长江口的防洪（潮）问题

（专家：陈肃利）

陈肃利，男，1955 年出生，武汉水利电力大学水利水电工程建筑专业毕业，现为水利部长江水利委员会长江勘测规划设计研究院规划设计处处长，教授级高级工程师。湖北省水利学会规划专业委员会主任委员。

长期从事河流及区域综合规划和防洪、水资源配置、河道与河口治理等方面的研究和规划工作。

参与主持过全国山洪灾害防治规划、全国血吸虫病综合治理水利专项规划、长江流域水资源综合规划、长江中下游干流河道采砂规划、长江平垸行洪退田还湖规划、长江口综合整治开发规划、珠江三角洲水利现代化建设规划等多项流域综合规划、专项规划的编制工作。参与主持了长江荆江河段、南京河段河势控制工程、长江重要堤防隐蔽工程单项设计等大、中型水利工程的设计、监理工作。主持过多项省级咨询项目。

参与编写《长江流域重大自然灾害及防治对策》、《长江流域综合利用规划研究》、《长江志》等书籍，公开发表论文 10 余篇。研究成果先后获水利部大禹水利科学技术二等奖和湖北省科技进步三等奖、湖北省优秀工程设计和优秀工程咨询成果二等奖、交通部优秀水运工程咨询成果三等奖，三次获长江委科技进步一等奖。

获得湖北省政府授予的“全省长江堤防建设先进个人”称号。

81．长江口地区防洪（潮）问题具有哪些不同于径流河段的特点？

长江口是长江与东海的过渡地段,属于河流径流与海洋潮汐两种动力互相作用、互相影响的地区，由于陆海双相的特殊地理位置，使得长江口地区上承流域洪水下泄威胁；下受长江口天文高潮顶托与风暴潮的侵袭，水文情势和防洪（潮）问题具有明显不同于径流河段的特点。因此分析径流与潮流两种动力在时间和空间上的运动和变化规律，是做好长江口防洪（潮）工作的基础。

长江流域雨量丰沛，是以暴雨洪水为主的河流。每到汛期暴雨频次多，雨量大，范围广，大量雨水汇入长江形成径流，使江河中水量猛增，水位急剧上涨，形成峰高量大的洪水。长江大洪水一般分为两种类型：一种类型是区域性大洪水，是由上中游若干支流以及干流某些河段发生强度特别大的集中暴雨而形成的大洪水；另一种类型为全流域型大洪水，是某些支流雨季提前或推迟，上、中、下游干支流雨季相互重叠，形成全流域洪水量大，持续时间长的大洪水。不论哪一类大洪水均对中下游平原区及河口地区造成很大的威胁。

目前长江防洪存在的主要问题是：长江中下游洪水来量远远超过长江中下游各河段的安全泄量，洪水来量大与河道泄洪能力不足的矛盾非常突出。必须采取建设三峡水库等一批干支流控制性水库工程、合理地加高加固堤防，整治河道，安排与建设平原分蓄洪区等综合措施，使长江中下游防洪问题得到较好的解决。这是长江径流河段防洪所面临的问题及解决的措施。

长江河口为一喇叭形中等强潮型河口，水域广阔。受地理位置和季风影响，径流、潮流、风浪等构成长江口地区复杂的水流动力因素，并随不同地点、不同季节、不同潮汛而变化。

长江口潮位呈现明显的大、中、小潮交替变化。当长江处于汛期时，通常上游径流量较大，底水位较高，而此时也正好是台风频繁活动的时期。天文大潮期，如再遭遇大洪水与强台风的影响，则可在该地区引发特高潮位。风暴潮、天文潮、洪水三者或其中两者遭遇为长江口地区形成灾害性潮位的主要原因。

通过进一步分析长江口地区特高潮位出现的时间可知，该地区特高潮位绝大多数是在强台风与天文大潮遭遇的情况下发生的，而上游洪水所起的作用稍弱。所以长江口地区防洪（潮）问题具有不同于径流河段的特点，研究和解决长江口地区防洪（潮）问题，要深入地分析研究风暴潮发生发展规律、风暴潮和天文潮以及上游洪水的遭遇情况，建立以风暴潮为主要防御对象的防洪（潮）减灾系统。

82. 什么是“风暴潮”？什么是“三碰头”？为什么说长江口地区的洪水位主要受风暴潮的影响？

风暴潮是由于受产生于热带洋面上强烈的热带气旋影响，导致水位急剧升降（又称增水、减水）的现象。热带气旋按中心附近最大风力的大小又分为热带风暴、强热带风暴、台风，为叙述方便，以下统称为台风。

台风生成后具有来势猛、速度快、强度大、破坏力强的特点，常伴随着大风和暴雨天气。台风中心最大风力往往会超过 12 级，风速达 40 ～ 60m/s 甚至更高。台风在洋面上掀起的巨浪可高达 10 ～ 15m，惊涛骇浪常使过往的航船颠覆、淹没在汪洋大海之中。由于台风中心气压极低，对海水有吸吮作用使海面升高，当台风侵袭滨海地区，会使沿岸海水产生增水，出现风狂波壅，海水暴涨，潮位骤高的现象，造成海塘江堤溃决毁损、城乡房屋倒塌、农作物受毁绝收、人员伤亡的巨大灾害。

影响长江口地区的台风平均每年有 2 ～ 3 次，最多时一年可出现 7 次（如 1990 年等），所以长江口地区是受台风影响频繁的地区。每年的 5 ～ 10 月，长江口均可能受到台风侵袭和影响，而在 7 ～ 9 月 3 个月又最频繁，发生的次数占全年的 90%以上。影响长江口的台风，其路径可分为两类，即登陆型和海上转向型。

其中登陆型又可分为长江口以南登陆和长江口以北登陆两种。前者路径的台风大多驱使海水涌入长江口内，容易加大涨潮流速，形成增水；后者路径的台风因中心位置在长江口以北，反时针的低压气旋性梯度风场分布大多驱使海水向口外流出，加大落潮流速，形成减水。从历史台风资料分析，长江口以南登陆的台风占全部登陆型台风的90%左右。

如果台风影响时恰好逢农历初一、十五的天文大潮期，持续的向岸大风与天文大潮遭遇，使潮位更高，就会形成破坏性的风暴潮。在有些年份（如1954年）台风、天文大潮又遭遇长江洪水时，三者叠加，上游洪水来势凶猛，下游潮水顶托行洪不畅，常常使其所及的水域潮水暴涨，造成更加严重的灾害，这就是所谓的“三碰头”。

对长江口地区徐六泾、吴淞两潮位站年最高潮位发生的时间进行统计发现，两站前10位年最高潮位均是在有台风发生的情况下出现的，说明台风与长江口地区特高潮位的出现存在着密不可分的关系。同时两站年最高潮位绝大多数集中发生在阴历初二至初四、十六至十九的天文大潮期间，分别占92%和85%以上，而两站前10位年最高潮位均出现在天文大潮期间，说明了天文大潮在特大潮位构成中占据的重要地位。

经对长江口地区各潮位站年最高潮位综合分析，可得到如下认识：长江口地区的特高潮位不是由风暴潮、天文大潮、上游洪水等主要影响因素单方面形成，而是多方面因素遭遇，共同作用的结果。在上述三者之中，天文大潮是促成高水位的主要原因，是构成特高潮位的主体；风暴潮增水大小与特高潮位高低相关性较强，对高潮位的发生起着“加强”以至形成特高潮位的作用；而上游洪水与年最高潮位的相关关系较差，可认为径流的作用稍弱，但由于年最高潮位年内发生的时间在6～10月，特别集中发生在7～9月，这与长江汛期径流量大存在一定关系。

综上所述，长江口地区特高潮位绝大多数是在风暴潮与天文大潮遭遇的情况下发生的，当风暴潮与天文大潮及洪水恶劣遭遇时，必定会出现长江口特高潮位。

83.风暴潮会带来怎样的灾害?

我国是世界上遭受风暴潮灾害最严重的少数国家之一，而东海区又是我国遭受风暴潮灾害的重灾区。资料显示，长江口地区的风暴潮灾害绝大部分由台风所引发，而较强的风暴潮灾害则全为台风所引发。

长江口地区风暴潮灾发生较频繁。据考证，近 500 年来发生历史特高潮位的年份有 1539 年、1696 年、1732 年、1997 年、2000 年等，而 1696 年风暴潮灾害淹死者共 10 余万人，是中国风暴潮灾害历史记载中死亡人数最多的一次。在 1905 年(清光绪三十一年)发生的风暴潮灾害中丧生的人数达 2.5 万。新中国成立后，国家加强了沿江堤防海塘的建设，使风暴潮灾情大大减轻，尤其受灾伤亡人数直线下降。

进入 20 世纪 90 年代以来，长江口地区迭遭严重风暴潮袭击，在长江口吴淞站 1912 ~ 2002 年年最高潮位系列前 6 位中，90 年代后实测年最高潮位占据了 1、2、5、6、位。

下面分述近 10 年来影响长江口地区的几次台风风暴潮及引发的灾害情况。

(1)9711 号台风(Winnie)风暴潮灾害

9711 号强台风是对长江口影响很大的一次南岸登陆型台风，1997 年 8 月 18 日夜在浙江温岭登陆，登陆时风速达 40m/s，长江口地区出现 11 级至 12 级的阵风，并普降暴雨，局部降大暴雨。由于风暴潮期间恰逢农历七月十五日天文大潮，使长江口地区各潮位站实测潮位均创历史新高，徐六泾、吴淞和青龙港实测潮位分别高达 4.83m、4.36m 和 4.69m，均为有潮位记录以来的最高值。白茆河至长兴岛西河段的增水超过 1.8m，整个长江口区域的增水均超过 1.4m。而且增水变化较其他台风期间增水都更为剧烈。

受台风影响，江苏、上海两省市工农业生产和人民生活遭受重大损失。江苏省损坏江堤220km，护岸636处，决口57处。农作物受灾面积83万hm^2（1245万亩），倒房1.7万间，损坏3.2万间。有1.7万人被洪水围困并紧急转移,死亡22人。直接经济损失约27亿元。上海市外围一线海堤损毁10多km，松江、金山10多km江堤堤防漫溢，造成7人死亡，经济损失约6亿元。

(2)0012号强台风（派比安）风暴潮灾害

“派比安”台风于2000年8月27日在台湾省以东洋面生成，30日晚穿过舟山群岛，直逼长江口，台风（海上转向型）期间适逢农历八月初三天文大潮，受其影响，江苏、上海沿海有20多个水文站的潮位超过当地警戒水位，上海市多数水文站出现有记录以来第二高潮位，横沙、中浚两站实测最高潮位又超1997年，是一次特大风暴潮灾害。

受“派比安”影响，江苏沿海潮位明显上涨，连云港、盐城、南通等市县受灾较重，直接经济损失约55亿元。上海市遭受洪涝面积1.79万hm^2(26.85万亩)，市区积水路段100多条，海塘水毁4处，一线挡潮闸有19座闸门漫顶，全市经济损失约1.22亿元。

(3)0014号台风（桑美）风暴潮灾害

“桑美”台风于2000年9月11日在关岛以东洋面生成，影响东海期间恰逢天文大潮，长江口多个潮位站的潮位超过当地警戒水位，是一次较大的风暴潮灾害。

受其影响江苏省沿海地区潮位猛涨，部分江海堤防一线水利工程遭不同程度破坏，直接经济损失1.13亿元。上海全市遭受洪涝面积747hm^2(1.12万亩)，市区积水路段40余条，海塘局部冲刷损坏30余处，长约10km。全市直接经济损失0.15亿元。

(4)0216号台风（森拉克）风暴潮灾害

“森拉克”台风于2002年9月7日在浙江温州登陆，登陆时中心最大风速达40m/s。受其影响，上海沿海普遍出现了100～300cm的风暴增水，多个潮位站超过当地警戒水位。上海地区潮位普遍偏高，其中黄浦公园站最高潮位达 5.33m，是有潮位记录以来的第三高潮位。由于措施得力，仅部分防潮设施受到损坏，直接经济损失约 210 万元。

(5)0407 号强热带风暴(蒲公英)风暴潮灾害

“蒲公英”热带风暴于 2004 年 7 月 3 日在浙江省乐清市登陆。受其影响，长江口地区最大风力达 10 ～ 11 级，并出现区域性暴雨到大暴雨。受风暴潮影响，江苏省苏州、南通等地受灾严重，其中南通市沿海一带损毁船只 180 艘，死亡 2 人，直接经济损失 2000 万元。上海市沿海地区受淹土地 3150hm²(4.725 万亩)，直接经济损失约 1200 万元。

(6)0509 号台风(麦莎)风暴潮灾害

台风“麦莎”于 2005 年 8 月 6 日在浙江省玉环县登陆，台风中心附近最大风力达 12 级以上(风速 45m/s)。“麦莎”北上相继影响上海市、江苏省，长江口地区普降大暴雨，局部地区发生特大暴雨，部分地区风力达 12 级。由于台风影响期间正逢农历七月大潮，受风暴潮和天文大潮的共同影响，沿岸有多个站的风暴潮增水超过 100cm。此次台风强度大、风势强、范围广、降雨量大，是继 9711 号风暴潮后，影响我国东部沿海最严重的一次。

在“麦莎”台风中，苏州受灾人口近 47 万，倒塌房屋 5000 间，受淹农田面积 4440hm² (6.66 万亩)，农作物受灾面积 13480hm² (20.22 万亩)，共投入抗灾人员近 20 万人次。据悉，由于苏州前期工作准备充分，直接经济损失比预计要小得多，但仍达到 4.7 亿元。据统计，“麦莎”波及江苏 8 个省辖市的 75 个县(市、区)，全省倒塌房屋 9350 间，其中倒塌民房 3160 间，损坏房屋 23740 间；农作物受灾面积 39 万 hm²(585 万亩)，成灾面积 22 万 hm²(330 万亩)，绝收面积 8460hm²(12.69 万亩)；受灾人口 540 万人，成灾人口 230 万人；因灾紧急转移安置人口 18.8 多万人；灾害造成的直接经济损失达 12 亿元。

在连日的风暴潮侵袭中，上海市区 200 余条(段)马路积水，

2700 余棵树木倒伏，约 400 条 1 万伏以上高压线受损。虹桥、浦东两大机场取消起降航班约 1000 架次，受阻旅客 10 万人左右。郊区数万亩果木和菜田受灾。在此次防御台风的过程中，上海实施了防汛历史上首次大规模人员撤离，共转移 16 万人,10 万军民在岗到位，采取一系列有针对性的防范措施,有效地降低了受灾程度，直接经济损失约 1 亿元。

84. 近年来长江口的高水位为什么呈抬高趋势？大约抬高了多少？

长江口地区滨江临海，洪潮水位受海平面变化影响较大。近几年的水情变化表明，长江口潮水位有持续抬高的趋势。

长江口潮水位抬高与海平面上升有密切关系。根据资料显示，20 世纪全球海平面平均每年上升 1 ～ 2mm。近 50 年来，我国沿海海平面呈波动上升趋势，平均每年上升 1 ～ 3mm，特别是近几年，由于受气候变化和天体运转的影响，我国沿海海平面上升速率加快，每年达 2.5mm，其中黄海 2.6mm/年，东海 3.1mm/年，略高于全球海平面上升速率。海平面上升的原因，一是由于全球气候变暖导致的海水热膨胀和冰川融化，这部分上升称为绝对海平面上升；二是由于局部地质构造变化、局部海洋水文周期性变化以及沉积压实、地面沉降等的引起，称为相对海平面上升。

据国家海洋局的《中国海平面公报》，2000 年我国黄海、东海海平面较常年上升 40 ～ 60mm，2003 年我国沿海平均海平面比多年平均海平面高出 60mm。其中，黄海海平面高出 73mm，东海高出 66mm，表明海平面上升加剧。

预计在未来的几年中，中国沿海海平面还将继续保持上升趋势，至 2013 年，中国沿海平均海平面将比 2000 年平均海平面高 28mm。黄海、东海比 2000 年平均海平面分别高 26mm、22mm。

海平面上升会加重长江口地区风暴潮、洪涝和海水倒灌等自然灾害，给该地区经济发展和人民生活带来不利影响，所以我们要加强对海平面变化的监测，并在综合分析的基础上采取积极的应对措施。

85. 目前的堤防现状能满足国民经济发展的要求吗？

长江河口段堤防又称海堤、海塘，范围自徐六泾断面以东，北岸至江苏启东市连兴港，南岸至上海南汇县芦潮港，此外还包括崇明、长兴、横沙三岛海塘，堤线总长609km，其中江苏省境内堤长154km，上海市境内堤长455km。

长江口江苏省沿江堤防包括苏州市的常熟、太仓市江堤和南通市的通州、海门及启东市江堤。沿江堤防的修筑大多在宋代以后就有记载，是历经多次洪水逐步加固兴建而成的。近代虽经过1931年、1933年、1949年3次较大规模整修，在当时也起到一定的防护作用，但堤防仍显单薄，江岸崩坍十分剧烈。1949年遭大洪水，堤防多处坍塌决口，堤身支离破碎。新中国成立后，国家水利部门和地方政府采取积极措施，对苏州和南通市长江口防洪大堤不断进行整修改造，处理险工隐患，使堤防具备了一定的整体防御能力，防洪（潮）形势大为改观。尤其是长江1998年大洪水后，对两市江堤进行了全面的除险加固、兴建了护岸保滩工程，抵御洪潮的能力有了很大的提高。目前主江堤已基本满足《长江流域综合利用规划》（1990年修订）提出的防御1954年洪水的要求。

上海市堤防的修建历史可追溯至1700多年前。至1949年，上海大陆段及崇明虽都建有海塘，但基本都是土堤，堤身单薄，防御能力很低。1949年遭台风高潮袭击，堤防多处坍塌决口，受淹农田6.66多万hm^2（100多万亩），倒塌房屋6万多间，死亡1600多人，灾民数十万人，人民生命财产遭受严重损失。新中国成立后，党和人民大力加强防洪工程建设，经历3个阶段的防洪（潮）建设，上海市堤防保护圈已经形成，防洪（潮）标准大大提高，增强了防洪（潮）安全，取得了显著的社会效益和经济效益。

自20世纪80年代改革开放以来，长江口地区社会经济得到了全面、快速、健康发展，沿江开发态势快速形成，大量的工业开发区依江而建，沿江城镇建设也发展迅速，重要国民经济设施大量兴建，经济总量在全国所占比重不断加大。随着社会经济的快速发展，对防洪（潮）提出了许多新问题和愈来愈高的要求。而从总体来看，目前长江口地区防洪（潮）能力尚不能适应其发展的需要，主要表现为：长江口地区堤防工程虽经不断地加高加固，抵御洪潮的能力有了很大的提高，但仍有部分堤段未达到规划标准，堤顶超高与顶宽不够，堤身内外边坡不足，堤基存在隐患，堤岸崩坍时有发生，影响沿江社会稳定和经济发展；河势尚未得到有效控制，部分河道还是处于自然演变状态。1998 年、1999 年大水后，白茆沙河段南水道的发展，白茆沙头的冲刷后退，扁担沙的切滩和新通道的形成发展，南北港分流口的持续后退等，严重威胁到沿江重要国民经济设施的安全运行；堤防崩岸时有发生，严重威胁人民生命财产安全。另外，长江口最高水位继续抬高的趋势也对防洪（潮）堤防造成压力。

86. 长江口地区防洪（潮）标准是怎样拟定的？

长江口地区的防洪标准是反映该地区总体防御洪水能力的指标，与该地区的社会经济发展状况及国民经济可承受的能力密切相关。因此防洪标准是以国家的有关规范、标准为依据，根据防洪（潮）安全的要求，并考虑经济、政治、社会、环境等因素，综合论证确定的。

长江口地区是长江流域和我国的精华地区，经济高度发达，对长江流域乃至全国的经济发展推动作用明显。根据上海市、苏州市、南通市社会经济发展规划及其相应的城市总体规划，预测到 2010 年长江口地区的总人口将达到 2750 万人，人均 GDP 将达到 5.7 万元；到 2020 年，长江口地区总人口将达到 2780 万人，城镇化率为 80%，人均 GDP 达 7.18 万元。在我国经济建设和社会发展中占有极其重要的战略地位。

长期以来，长江口地区上承流域洪水的下泄，下受口外天文高潮的顶托，防洪能力不断受到挑战。海堤工程作为长江口地区防洪（潮）的重要工程措施，在防洪（潮）减灾中发挥了巨大的作用。近年来，由于海平面的上升，风暴潮发生频繁，沿海各潮位站不断出现历史最高潮位；同时随着该地区人口的急剧增长、经济的迅速发展，风暴潮带来的经济损失值呈现增长趋势，成为这一地区自然灾害损失的主要部分。为有效避免或减少风暴潮引发的灾害损失，为地区社会稳定、经济发展创造有利的条件，必须科学合理地拟定海堤工程的防洪（潮）标准，保障地区经济社会发展、改善人民的生存条件。

根据防洪规划，上海市长江口地区的防洪（潮）标准为：城区段（宝山区、浦东新区）堤防按两百年一遇高潮位加12级风设防；其余堤段近期内均应达到百年一遇高潮位加11～12级风的防御标准，远景可根据经济发展进一步论证。

根据江苏省长江口地区的经济水平，拟定近期堤防防洪（潮）标准为，能防御新中国成立以来发生的最大洪水——1954年洪水，远期防洪(潮)标准为百年一遇。

87. 长江口规划开展哪些防洪（潮）工程建设？

长江口地区地处我国沿海和沿江两大经济带的结合部，区内气候温和湿润，水资源充沛，交通便利，工农业和科学技术基础雄厚，是当前我国社会经济发展最快的地区之一，发展潜力巨大，对长江流域和全国经济发展的带动作用十分明显。

2005年编制的长江口综合整治开发规划提出根据长江口地区社会经济发展状况，按照人与自然和谐相处和以水资源可持续利用支撑社会经济可持续发展的治水思路，在防洪（潮）方面，也提出应充分考虑社会经济各部门发展的需要，深入研究工程措施和非工程措施，加快防洪工程建设步伐，全面达到防洪（潮）规划标准，保障防洪（潮）安全，实现多目标综合整治的要求。

长江口地区堤防作为防洪（潮）的重要屏障，历来被称为“生命线工程”，是地区经济和社会发展的生命线。已建工程在近年来防洪（潮）斗争中发挥了重要作用，改善了投资环境，有力地促进了沿江经济带的进一步开发。

目前，江苏省长江口堤防已基本达到近期规划水平年的防御标准，可以防御1954年洪水的侵袭；远期按抵御百年一遇洪（潮）设计，堤防高程欠高约0.5m。上海市浦东新区段堤防已达到二百年一遇高潮位加12级风的防御标准；宝山段堤防尚欠高0.16～0.38m；崇明岛、长兴岛、横沙岛对照近期达到百年一遇高潮位加11～12级风的防御标准，一般欠高0.2m；其中崇明岛北岸欠高约1.3m，南岸欠高约0.7m。

长江口地区进行防洪（潮）工程建设，构筑防洪（潮）体系，要根据国家制定颁发的防洪标准和防洪规划，按照防洪（潮）建设和水安全、水资源、水环境综合治理的要求，集中力量，加大投入，因地制宜，以提高防洪（潮）能力为突破口，以控制河势为切入点，营造亲水环境，构筑生态水利，全面实现长江口地区防洪（潮）“长治久安”的目标。

88. 长江口地区防洪（潮）体系中有哪些非工程措施？

长江口地区洪潮灾害频繁发生，给该地区国民经济发展和社会稳定带来严重影响。减轻洪潮灾害造成的影响和损失，增强防潮减灾能力，具有非常重要的现实意义。

减轻洪潮灾害是一项系统工程，面对台风的超大尺度和巨大能量所产生的极大破坏力，除了要建立强大的防御工程体系以外，还要采取大量的非工程措施，其中包括对台风风暴潮监测、预报、风暴潮等灾害的应急预案，灾害的评估，防灾、救灾与综合管理等。

（1）完善观测站网建设，建设风暴潮信息监测与传输系统

要加快建设洪潮特别是风暴潮监测与通信传输系统，建立长江口风暴潮水情预报中心，完善观测站网，提升监测自动化程度与预报技术，提高预报预警能力，为防洪（潮）的科学决策和科学调度提供及时准确的信息服务。

（2）深入开展防洪（潮）的科研工作

要对长江口地区基本水文特性进行深入的分析研究，包括河口洪潮特性、风暴潮发生发展规律、风暴潮与上游洪水的组合遭遇情况等，加强计算机技术在水情测报自动化与防洪（潮）调度中应用的研究，全面核定沿岸防潮警戒水位，编制防御台风预案，加强洪潮风险及防洪（潮）工程经济分析等方面的研究，为长江口地区防灾减灾提供科学依据和技术支撑。

(3)进行全社会防洪(潮)意识教育

风暴潮与洪水的发生是不以人的意志为转移的客观规律，人类要想完全控制洪（潮）也是难以做到的。因此，在长江口地区要对风暴潮灾害和防灾措施进行广泛宣传与培训，使全社会充分认识风暴潮灾害的严重性及遭遇风暴潮时可能采取的措施，提高公众防灾减灾意识，最大程度地减轻人民生命财产损失。

(4)建立应急响应和决策指挥系统建设

完善防灾、救灾组织领导系统，积极制定防洪(潮)应急预案，研究紧急疏散措施，在灾害管理体系的统一框架下，开展风暴潮灾害风险评估和区划，实现综合管理和科学决策，努力缩短灾害应急反应时间，做好风暴潮灾害灾情收集、发布及评估工作，提高在防洪(潮)组织上的科学决策和科学管理能力。在发生风暴潮等灾害时避免损失或将其控制在最小范围。

九、长江口的生态与环境

（专家：李迎喜）

李迎喜，男，陕西佳县人，高级工程师。1987年7月大学毕业后，在长江水资源保护科学研究所长期从事水利工程水资源保护、水土保持、水利水电工程环境影响评价、规划设计与科研等工作，具有丰富的实践经验，现任长江流域水资源保护局科研所环境评价中心副主任。负责承担了长江流域防洪规划、长江口综合整治开发规划等多项规划的环评工作，了解和掌握长江流域的生态与环境背景状况，对规划环评的研究较为深入；参加了关于加强近期长江水资源保护若干意见的研究和三峡库区水域纳污能力及限制排污总量意见的研究。一直高度关注长江流域3个重点区域（三峡库区、南水北调中线水源地、长江口地区）的生态与环境保护问题，目前正在承担现代水利科技创新项目长江流域水资源开发利用与生态环境保护关系研究。

李红清，女，湖北武汉人，高级工程师。1992年大学毕业后，在长江水资源保护科学研究所长期从事水利工程水资源保护、水利水电工程环境影响评价、规划设计与科研等工作，具有丰富的实践经验，对长江口的生态与环境背景情况进行了系统调查分析，特别对长江流域的湿地保护和水工程的生态保护进行了较深入的研究，其研究成果已在长江口综合整治开发规划环境影响战略评价和多项水工程生态保护研究中得到较好地应用，一直高度关注长江口的生态与环境保护和水工程建设的生态保护工作，目前正在承担现代水利科技创新项目长江流域水资源开发利用与生态环境保护关系研究。

童波，男，湖北石首人，工程师。2002年大学毕业，在长江水资源保护科学研究所从事水利工程生态保护、环境影响评价、环境保护规划设计、科研等方面的工作，具有较丰富的实践经验。对长江口的生态与环境背景情况进行了系统调查分析，特别对长江流域的水生态保护和水工程的水生态保护进行了较深入的研究，其研究成果已在长江口综合整治开发规划环境影响战略评价和多项水工程生态保护研究中得到较好地应用，高度关注长江口的生态与环境保护和水工程建设的生态保护工作，目前正在承担现代水利科技创新项目长江流域水资源开发利用与生态环境保护关系研究。

89.长江口的生态与环境具有哪些典型特征?

长江口是中国最大河流长江的入海口，也是中国最大的河口。长江口地处冲积三角洲平原、亚热带季风气候区，且临江靠海，区域地貌简单、气候温和、水资源充沛，人类活动频繁，开发程度高。

长江口位于中国东部湿润平原的顶端，两岸地势平坦，无山体和丘陵。受地理位置和季风影响，气候具有海洋性和季风性双重特征，季节差异显著。长江径流进入东海后，淡水与海水混合，从内到外，淡水、半咸水、咸水依次呈现，在河口区域形成一个显著的低盐水舌，径流与潮流交互消长，水流动力、水环境条件复杂。同时，长江径流携带大量的泥沙、营养盐类在河口区域汇集、絮凝、沉积、扩散，形成了广阔的岛屿、洲滩、浅沙和水下三角洲，生境条件复杂多样，为陆生、湿生、水生生物提供了优良的栖息地，生物多样性十分丰富。

受气候、径流、潮流等主导因素的作用和影响，长江口区域生物分布亦呈现典型季节性变化特点：夏秋季温度高，径流量大，半咸水区域广，生物种类多、生物量大；冬春季温度低，径流小，半咸水水域收缩，生物种类少，生物量小。由于长江口独特的地理位置、多样的水环境，使得该区域生境丰富，适宜多种生物生存；但同时也由于河口处于过渡区域，相应生境条件脆弱多变，生态稳定性差，生活于这一区域的野生动物多为季节性迁徙种或洄游种类，终年定居在河口的种类很少，生物种类和资源量在适宜季节(温度高)和区域(营养盐类、饵料丰富)高，分布时段和区域不均衡，易呈现骤起骤落的特点。

此外，长江口地区滨江临海，集“黄金海岸”和“黄金水道”于一体，位于长江产业密集带与东部沿海经济带交汇处，区位优势明显，经济发展速度快、人类活动频繁，对区域生态与环境扰动剧烈。河口区域承接上游及本地排放的大量污水，局部水域污染负荷高、呈富营养化，导致长江口区域浮游生物大量繁殖，赤潮暴发呈上升趋势，生态危害加剧，人类活动的扰动使得长江口生态与环境更加脆弱。

从地理位置上看，长江口区域位于中国东海岸的中部，它既是中国东部候鸟迁徙线的中点，也是候鸟东亚—澳大利亚迁徙路线的中点，大批候鸟将长江口地区作为长途迁徙的中转站。因此，长江口区域对于中国和全球鸟类栖息的生态保护具有十分重要的意义。同时，长江口处于中国淡水鱼类最丰富的长江中下游江河平原淡水鱼类区系和东海海洋鱼类区系的过渡地带，其鱼类区系不仅具有河口鱼类的显著特色，在全球范围内也具有明显的区域性特点。长江口区域生态与环境具有显著的交叉与过渡的特点。

长江口生物多样性十分丰富，长江口区域分布有浮游植物 211 种，浮游动物 174 种，底栖生物 181 种，鱼类 18 目 48 科 128 种，鸟类 312 种，维管束植物 240 余种。这些生物种类中，浮游植物、浮游动物种类、分布、生物量受水温、径流、潮流影响明显；底栖动物分布受盐度、泥沙影响显著；鱼类中 90%以上为季节性洄游品种；鸟类中绝大多数为迁徙候鸟，定居的留鸟少；植被群落结构简单，受人类扰动程度大；区域整体生境表规为多样性高，但不稳定，影响因素多，生物种类多，但变动大，群落及组成结构不稳定。

长江口区域生境重要程度高，多样的生境为多种珍稀野生动物提供了适宜的栖息地。长江口分布或可能出现的国家 I 级保护野生动物有白鳍豚、中华鲟、白鲟、白鹳、白头鹤 5 种，国家II级保护动物有江豚、松江鲈、胭脂鱼、花鳗鲡、白琵鹭、黑脸琵鹭、黄嘴白鹭、苍鹰、普通鵟、白头鹞、雀鹰、白额雁、小天鹅、鸳鸯、小杓鹬、小青脚鹬、红隼 17 种。在鸟类中，列入《中华人民共和国政府和日本国政府保护候鸟及其栖息环境协定》的有 84 种，列入《中华人民共和国政府和澳大利亚政府保护候鸟及其栖息环境的协定》的有 40 种。这些珍稀物种中除松江鲈可常年栖息于河口及附近水域外，其余均为洄游、迁徙途经河口或偶尔在此作短时间栖息、停留。因此，长江口水域对维持、保护流域乃至全球生物多样性均具有重要意义。

目前，为保护区域生物多样性，长江口区建立了上海崇明东滩鸟类自然保护区（国家级）、上海长江口中华鲟自然保护区（省级）、江苏启东长江口北支湿地自然保护区（省级）、上海九段沙国家级自然保护区（国家级）、上海金山三岛海洋生态自然保护区（省级）等5个省级以上自然保护区。2002年2月2日（世界湿地日），崇明东滩被列入《国际重要湿地名录》，自然保护区的建立为生物多样性及珍稀物种的保护提供了重要保障。

90. 为什么说长江口的生态与环境具有十分重要的战略地位？

长江口具有得天独厚的地理位置和自然条件。光照、热量、降水充沛的亚热带海洋性季风气候使得长江三角洲地区水、土、气等各种自然要素相互协调得较好。目前，长江口区域分布有湿地面积353454.39hm²，广阔的湿地面积对生物种群的存续、生态平衡、气候调节、污染物降解、土地资源增加、自然灾害缓解等均会产生不同程度的作用。

长江口经几千年的发育，至今已形成三级分汊（崇明岛、横沙岛、九段沙）、四口入海（北支、北港、北槽、南槽）的三角洲河口，受气候、径流、潮流等因素影响，河口形成了多样的生境条件，使得多种生物均能在此找到适应的栖息地，多种生物在此汇集，生物多样性高；但同时也因河口生境复杂多变，使得定居性种类少，生态脆弱，易受影响，稳定性差，长江口生态集多样性与脆弱性于一体，且受人类活动的扰动剧烈，一旦破坏，对流域、全球生态系统及生物多样性发展均会产生重大不利影响，其重要性不言而喻。

长江口区域作为中国东部候鸟、东亚—澳大利亚候鸟迁徙的中转站，为近200种候鸟的生存繁衍提供重要保障。如果长江口鸟类栖息地遭到破坏，将对流域乃至全球候鸟栖息、繁衍和生活史的完成产生重大不利影响，因而长江口生态与环境对长江流域、全球候鸟种群资源的保护具有重要意义。

长江口区域是中华鲟、刀鲚、凤鲚、鮰、前颌间银鱼、暗纹东方鲀、日本鳗鲡、花鳗鲡、松江鲈等多种过河口性洄游鱼类及中华绒螯蟹、白虾等多种洄游性渔业资源的洄游必经之地。其中中华鲟为我国特有的大型珍稀鱼类；花鳗鲡分布范围涉及日本、东非、澳大利亚，为全球重要物种资源；刀鲚、鮰、日本鳗鲡为名贵经济鱼类；前颌间银鱼、松江鲈资源已极为稀少，长江口在保护这些重要物种资源生存繁衍、生活史的完成过程中扮演了极为重要的角色。

长江径流不断向河口输入大量营养盐类，孕育了丰富的生物资源，为河口生物提供了广阔的生存空间，同时也对流域及全球的生物种群延续与生态平衡的维持产生了重要作用。在长江口及其附近营养丰富、生产力高、饵料充足、鱼类及水产资源繁盛区域，形成了中国著名的长江口渔场、舟山渔场、吕泗渔场、海礁渔场、嵊山渔场等大型渔场。这些渔场对维持区域及流域经济社会发展具有重要意义。

长江口区域不断淤涨外延的滩涂湿地资源为区域发展提供了大量后备国土资源，通畅的河运、海运水上交通和区位优势为区域发展提供了便利条件，为带动或促进区域、流域乃至全球经济、社会发展产生了重要作用。

综合上述，长江口区域无论是从生境、生物多样性程度还是资源承载力与贡献上看，均占有十分突出的地位，这一独特的区域对于维持河口、流域乃至全球生物种群的生存与延续、生态系统平衡、经济社会发展均具有十分重要的意义。

91. 长江口的水功能区划成果如何？

水功能区划是全面贯彻水法，实践新时期治水思路，实现水资源合理开发、有效保护、综合治理和科学管理的重要基础性工作，对保障我国经济社会可持续发展、环境保护和生态建设具有重大意义。水功能区划是从合理开发和有效保护水资源的角度，依据国民经济发展规划和水资源综合利用规划，全面收集并深入分析区域水资源开发利用现状和经济社会发展需求，以流域为单元，科学合理地在相应水域划定具有特定功能、满足水资源开发、利用和保护要求并能够发挥最佳效益的区域（即水功能区）；确定各水域的主导功能及功能顺序，确定水域功能不遭破坏的水资源保护目标。

根据长江口自然环境和社会经济状况，按照水功能区划分的原则，长江口共划分一级功能区 14 个，其中保护区 5 个、缓冲区 1 个、开发利用区 4 个、保留区 4 个；划分二级功能区共 18 个，其中饮用水源区 1 个、工业用水区 3 个、景观娱乐用水区 2 个、过渡区 2 个、排污控制区 4 个、重叠功能区 6 个；在重叠功能区中，工业、农业用水区 3 个，饮用、工业用水区 2 个，饮用、渔业用水区 1 个。详见表 3-1、表 3-2。

表 3-1　　长江口一级水功能区划表

功能区名称	范围			现状水质	水质管理目标	区划依据
	起始断面	终止断面	河段长（km）			
长江常熟开发利用区	常熟市耿泾港	常熟市白茆口	25.18		按二级区划执行	重要城市江段
长江海门开发利用区	海门市新江海长江口	海门市汤家镇	34	Ⅱ	按二级区划执行	重要城市江段
长江太仓鹿河保留区	常熟市白茆口	太仓市新泾闸	5.52		不低于现状	开发利用程度不高
长江太仓开发利用区	太仓市新泾闸	太仓市浏河口	29.64		按二级区划执行	重要城市江段
长江启东自然保护区	海门市汤家镇	启东市入海口	54.52	Ⅱ	Ⅱ	规划中长江北支口湿地自然保护区

续表

功能区名称	范围			现状水质	水质管理目标	区划依据
	起始断面	终止断面	河段长(km)			
长江启东兴隆沙自然保护区	兴隆沙岛西侧	兴隆沙岛东侧	12	Ⅱ	Ⅱ	县级兴隆沙鸟类自然保护区
长江苏沪缓冲区	太仓市浏长江口	浏河口下游3km	3	Ⅴ	按实际需要执行	省市界
长江上海开发利用区	浏河口下游3km(宝钢水库附近)	长江口口门南汇嘴(芦潮港镇)	110	Ⅲ	按二级区划执行	重要城市江段
长江崇明岛保留区	跃进农场	东旺沙	80	Ⅱ	Ⅱ	开发利用程度不高
长江崇明东滩保护区	崇明东侧,南至奚家港口,北至八效港口,西至1968年造成的围堤外50m,东至吴淞高程零米线外侧2000m		320	Ⅱ	Ⅱ	崇明东滩鸟类自然保护区、长江中华鲟幼鱼自然保护区
长江青草沙保护区	南、北港交汇处		东西约15,南北约10	Ⅱ	Ⅱ	规划中城市集中供水水源地
长江九段沙湿地自然保护区	横沙岛东南侧,南、北槽相夹东西下行约30km,南北约10km			Ⅲ	Ⅲ	市级自然保护区
长江长兴岛保留区*	潘家沙	园沙	25	Ⅱ	Ⅱ	开发利用程度不高
长江横沙岛保留区	富民	兴隆	12	Ⅱ	Ⅱ	开发利用程度不高

注:除开发利用区、缓冲区、保护区及崇明岛、长兴岛、横沙岛环岛水域等保留区以外的水域也划为保留区。

表 3-2　　长江口二级水功能区划表

功能区名称	范围			现状水质	水质管理目标	区划依据
	起始断面	终止断面	河段长（km）			
长江常熟工业、农业用水区	常熟市徐六泾	常熟市白茆口	11.56		Ⅲ	工业、农业集中取水地
长江海门饮用、渔业用水区	通州市新江海长江口	海门市水厂下游 1km	10.87	Ⅲ	Ⅱ	饮用、渔业集中取水地
长江海门过渡区	海门市水厂下游 1 km	海门市汤家镇	23.6	Ⅱ	Ⅱ	上下游水质差异
长江太仓饮用、工业用水区	太仓市新泾港	太仓市浪港	10.56		Ⅲ	饮用、工业集中取水地
长江太仓浮桥工业、农业用水区	太仓市浪港	太仓市七浦塘	6.95		Ⅲ	工业、农业集中取水地
长江太仓杨林塘饮用、工业用水区	太仓市七浦塘	太仓市杨林塘下游 100 m	3.44		Ⅲ	饮用、工业集中取水地
长江太仓浏家港工业、农业用水区	太仓市杨林塘下游 100m	太仓市浏河口	8.69		Ⅲ	工业、农业集中取水地
长江上海陈行饮用水源区	浏河下游 3km	浏河口下游 7km	4	Ⅲ	Ⅲ	城市集中供水取水地
长江上海罗泾过渡区	浏河下游 7km	石洞口西首上游 1km	3	Ⅲ	Ⅲ	上下游水质差异
长江上海石洞口排污控制区	石洞口西首上游 1km	石洞口下游 1km	2	Ⅳ		城市集中排污口

续表

功能区名称	范围			现状水质	水质管理目标	区划依据
	起始断面	终止断面	河段长(km)			
长江上海石洞口工业用水区	石洞口下游1km	吴淞口	6	Ⅲ	Ⅲ	工业集中取水地
长江上海外高桥工业用水区	吴淞口	吴淞口下游10km	10	Ⅲ	Ⅲ	工业集中取水地
长江上海竹园排污控制区	吴淞口下游10km	吴淞口下游13km	3	Ⅳ		城市集中排污口
长江上海白龙港工业用水区	吴淞口下游13km	吴淞口下游27km	14	Ⅲ	Ⅲ	工业集中取水地
长江上海白龙港排污控制区	吴淞口下游27km	吴淞口下游31km	4	Ⅳ		城市集中排污口
长江上海浦东三甲港景观娱乐用水区	吴淞口下游31km	川杨长江口下游20km	18	Ⅲ	Ⅲ	景观娱乐用水地(三甲港海滨乐园)
长江南汇排污控制区	川杨长江口下游20km	川杨长江口下游22km	2			规划城市集中排污口
长江上海南汇东滩景观娱乐用水区	川杨长江口下游22km	南汇嘴芦潮港镇	36	Ⅲ~Ⅳ	Ⅲ	景观娱乐、农业、渔业用水地

92. 长江口分布有哪些环境敏感区域和环境敏感对象？

环境敏感区域主要是指现存著名的自然历史文化遗产、自然保护区、风景名胜区、水源保护区和重要科学研究区；敏感对象主要为国家保护的野生动植物、珍稀濒危生物、洄游性水生动物、重要鱼类“三场”、水源地。长江口分布的环境敏感区域和敏感对象主要包括自然保护区、珍稀濒危保护野生水生动物、重要水源地、重要湿地资源及渔业资源等。

（1）自然保护区

长江口分布有崇明东滩鸟类国家级自然保护区、九段沙国家级湿地自然保护区、长江口（北支）湿地自然保护区和长江口中华鲟幼鱼自然保护区 4 个自然保护区。

1）崇明东滩鸟类国家级自然保护区

1998 年由上海市人民政府批准建立的崇明东滩鸟类自然保护区（详见图 9-1），为省级自然保护区；2005 年 8 月国务院批准升级为国家级自然保护区。该自然保护区位于崇明岛东端，是上海市境内发育最完善、规模最大的河口型潮汐滩涂湿地，保护区总面积为 326.20km²。目前，已记录到的鸟类有 312 种，其中湿地鸟类为 108 种（占中国湿地鸟类已知种的 36%），列入国家保护动物的珍稀鸟类有 11 种。

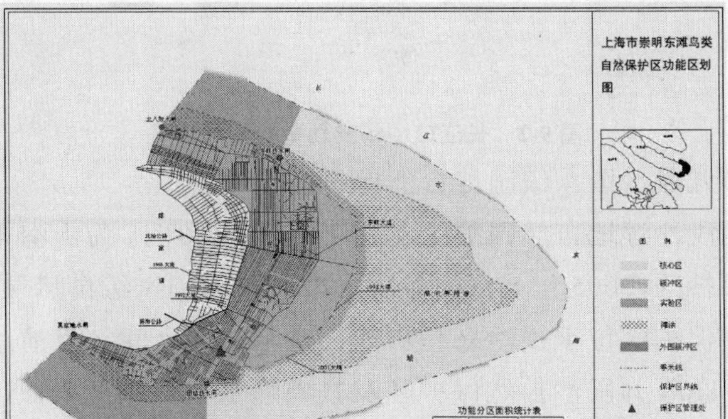

图 9-1　崇明东滩鸟类自然保护区示意图

2）长江口中华鲟幼鱼自然保护区

2002 年 4 月上海市人民政府正式批准建立长江口中华鲟幼

鱼自然保护区，为省级自然保护区，该自然保护区与崇明东滩鸟类自然保护区范围近乎重叠，保护区面积约 276km²，主要保护对象是中华鲟鱼卵、幼鱼及栖息场所（详见图 9-2）。

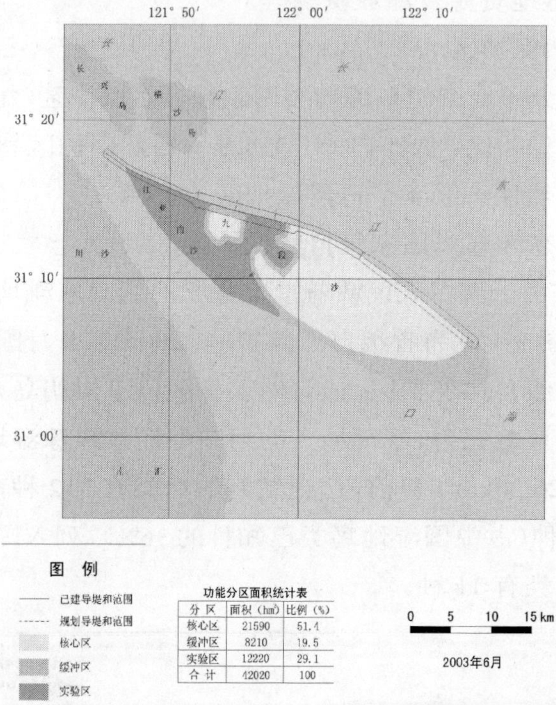

功能分区面积统计表

分 区	面积（hm²）	比例（%）
核心区	21590	51.4
缓冲区	8210	19.5
实验区	12220	29.1
合 计	42020	100

图 9-2 长江口中华鲟幼鱼自然保护区

3）九段沙国家级湿地自然保护区

九段沙湿地自然保护区建立于 2000 年 6 月，为上海市市级自然保护区，2005 年 8 月国务院批准升级为国家级自然保护区。该自然保护区位于横沙岛与川沙、南汇边滩之间，目前总面积 500 多 km²，九段沙自然保护区及其周缘水域分布是多种鱼类的栖息地，同时也是鸟类迁徙的重要驿站和候鸟越冬的良好场所。

4）长江口（北支）湿地自然保护区

长江口（北支）湿地自然保护区（详见图 9-3）是江苏省人民政府 2002 年批准建立的启东长江口（北支）湿地省级自然保护区。该自然保护区位于新隆沙下沿至连兴港之间，保护区总面积

477.34km²，保护对象为河口湿地生态系统、栖息在其中的鸟类，以及洄游至该水域的水生动物等。

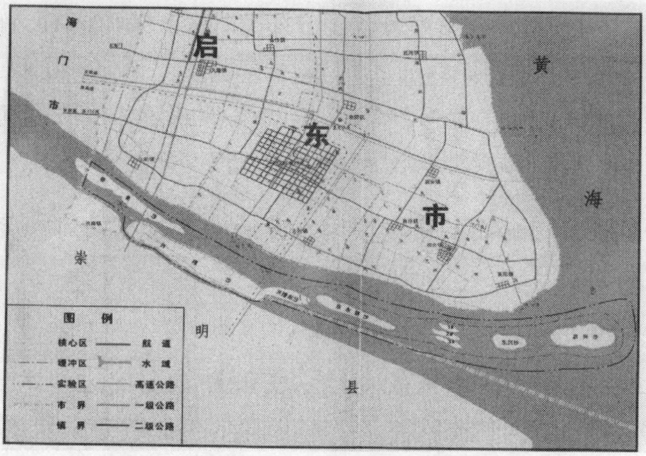

图 9-3 长江口(北支)湿地自然保护区

(2)重要水源地

长江口地区经济发达，城市化程度较高，长江口地区重要水源地江苏有南通海门水厂、太仓浪港水厂，上海有陈行水库、宝钢水库、嘉定墅沟水库和浦东凌桥水厂及规划的青草沙水源地。

(3)渔业资源及其“三场”

在长江口水域中，凤鲚、刀鲚、日本鳗鲡、中华绒螯蟹等构成了长江口渔业资源的主要经济品种，这些渔业资源产卵场、索饵场、洄游通道同时也是长江口水域大多数鱼类的产卵场、索饵场、洄游通道。产卵场、索饵场、洄游通道对维持长江口水域水生生物资源持续增殖与发展，维持长江口水域生态系统的结构稳定、功能完整具有十分重要的意义，同时这些区域受人类活动的干扰和影响较大，这些区域属于环境敏感区域。

(4)珍稀保护水生动物

在长江口水域分布或可能出现的珍稀水生动物有国家Ⅰ级保护动物白鳍豚、中华鲟、白鲟，国家Ⅱ级保护动物江豚、松江鲈、胭脂鱼，其中中华鲟幼鲟在长江口水域资源量较大；同时，长江口水域还存在长江口中华鲟幼鱼自然保护区，以及多种鱼类的产卵场、索饵场、洄游通道等重要敏感生境。

（5）重要湿地

长江口分布的重要湿地除了上述崇明东滩湿地、九段沙湿地、长江口（北支）湿地等重要湿地已划为保护区作为长江口一级保护湿地外，位于长江口南支南岸南汇边滩湿地（面积为 58085.13hm^2）和位于横沙岛以东的横沙浅滩（面积为 50550hm^2）两大片湿地作为长江口二级湿地进行保护。

93. 长江口分布的重要饮用水源地水质状况如何？保护措施有哪些？

（1）重要的饮用水源地水质状况

长江口地区有丰富的本地水资源和大量的过境水资源，但北至江苏启东、海门，南到上海，是我国存在水质型缺水问题的典型地区之一，尤其是上海。近几年来，内河河网水系水体污染日趋严重，作为上海市目前主要水源地的黄浦江供水能力已达极限，将长江作为上海市未来的主要水源地已被提上议事日程，但由于长江口水质受咸潮入侵的影响，严重影响了长江口地区淡水资源的利用，水质型缺水是长江口地区水资源利用的一个突出问题。

上海陈行水库与宝钢水库是上海市重要的水源地，两座水库紧邻。陈行水库位于长江干流江苏省与上海市交界处浏河入江口下游约 5km 处，向上海北区的月浦、泰和、大场、闸北、吴淞和浦东凌桥六大自来水厂提供长江原水，供水量为 130 万 t/d；宝钢水库位于陈行水库上游 1km，取水口设置在－5.0m 等深线外侧，水库容量为 1100 万 m^3。浏河省界断面水质基本能反映陈行水库与宝钢水库取水区域的水质状况。浏河断面水体除 TP 属 III 类水，高锰酸盐指数和 NH_3-N 属 II 类水外，其他水质因子符合 I 类水标准；汛期污染大于非汛期。总的来说，目前浏河口和西区排污口未对该水域水质构成较大威胁，除 TP 外，基本符合水功能区划水质目标 II 类的要求；但落潮时上游浏河口开闸排放污水和涨潮时下游上海西区排污口污水上溯对水源地水质存在潜在的影响。另外，枯水期盐水入侵对陈行、宝钢水库水源地产生影响，使其水体中盐度增加，其影响途径为北支倒灌盐水部分通过南支河道下泄、南港和北港盐水上溯，其影响程度随长江上游径流量、潮差与河槽演变特性的变化而变化。

在上海市的供水规划中，青草沙水域拟作为上海市的后备水源，吴淞口下 3km 北港、南港常规监测断面横穿青草沙水域，其水质状况可以反映青草沙水域的水质现状：该水域水质以有机污染为主，其中 TP 超标率高，其次是 NH_3-N 和高锰酸盐指数，水域总体水质较好，除 TP 外（其符合Ⅲ类水标准），其他有机水质因子均符合水功能区划水质目标Ⅱ类的要求。

此外，长江口分布的江苏省重要饮用水源地南通海门水厂、太仓浪港水厂，其水源地水质满足水功能区水质目标的要求。

（2）水源地保护措施

①根据长江三角洲主要城市在长江口规划的饮用水源地，对陈行水域、青草沙水域、太仓浪港、南通等水源地，按照国家现行的法律法规，划定各饮用水源的一级、二级保护区，并制订各保护区的相关管理规定。

②加快实施长江口北支盐水倒灌控制措施。长江口北支盐水倒灌是影响长江口水域淡水资源利用的重要因素之一，建议在长江口北支综合整治开发规划中，应加强控制北支盐水倒灌措施的研究，并在近期实施方案中尽快安排实施减轻北支盐水倒灌影响南支水域的工程措施。

③加强边滩水库避咸蓄淡调度方案研究。长江口独特的边滩水库具有“选择、稳定、自净”的功能，采取工程措施可有效地解决避咸和避污问题。工程措施包括：扩大避咸蓄淡的库容，向江中适当延伸取水点，或在长江口边滩形成水库链进行联合调度运行；同时，可利用水库链取水口上、下游的地理位置与时间所形成的氯度差（基于上、下游两个观察站的氯度过程线的相位差），进行契机取水、间歇停泵、错位调度，实施联合调度，可有效地减少水库的连续不宜取水天数。

④加强水源地水质监测和动态跟踪能力。城市暴雨过后，地

表水污染加重，因此除坚持每月的常规监测外，还应增加暴雨过后水源地的水质监测。对水源地周围如发生突发水污染事故，应有相应的应急处理预案。同时，依据水源地的水质监测资料，建立水源地水质管理信息库，做好水源地水质趋势分析，为制定水源地保护的对策与措施提供科学依据。

94. 长江口分布有哪些重要湿地？不同类型湿地主要特点有哪些？

据《湿地公约》建议采用的湿地分类体系，结合《全国湿地资源调查与监测技术规程》的湿地分类，长江口地区湿地类型按三级进行分类：第一级将长江口湿地分为自然湿地和人工湿地；第二级将自然湿地分为海岸及浅海、河流、湖泊 3 类，人工湿地分为鱼虾蟹田、水稻田、水库、人工水渠 4 类；第三级将海岸及浅海分为浅海水域、潮间带湿地、沙洲岛屿湿地 3 类。

长江口湿地主要为自然湿地，其自然湿地包括海岸及浅海、河口湿地。海岸及浅海湿地又分为浅海水域、潮间带湿地、沙洲岛屿湿地 3 类；河口湿地主要包括永久性河流与河漫滩。人工湿地则主要为水稻田、鱼虾蟹等水产养殖田、蓄水水库等。长江口地区湿地类型、面积及分布情况见表 6-1，长江口重要湿地分布区域见图 6-1。

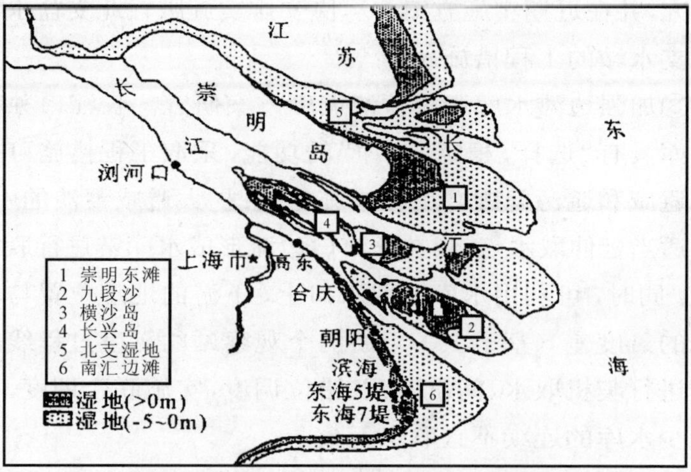

图 9-4　长江口重要湿地分布位置示意图

长江口沿江沿海湿地总面积 85691.72hm²，占长江口湿地总面积的 24.24%，主要分布于长江口南岸（西起白茆口东至芦潮港）、长江口北支、杭州湾北部（南起金丝娘桥北至芦潮港）沿江沿海地区。在长江口沿江沿海湿地中以沿江湿地为主，约占 81%。

长江口沙洲岛屿湿地总面积为 267463.67hm²，占长江口湿地总面积的 75.67%，主要为分布于长江口的一些离岛沙洲，有露出水面成陆并被人类开发利用的沙岛，如崇明岛、长兴岛和横沙岛；还有露出水面成陆并未被人类开发利用的沙岛，如九段沙和青草沙等。另有未露出水面的阴沙，如扁担沙、中央沙、铜沙等。崇明岛、长兴岛和横沙岛大部分已被开发成村镇和农场，仅在沙岛海堤外缘有一些自然湿地，这部分湿地加上其他沙洲湿地构成长江口沙洲岛屿湿地。

95. 保护长江口重要湿地的措施有哪些？

长江口生态环境的优劣，直接反应了长江流域及长江口地区的生态环境的优劣。长江口湿地（详见表 9-1）景观是长江口重要的生态环境，保护好长江口湿地对于保护长江口生态环境具有重要作用。国家在不同的时期分别对长江口湿地资源的开发与利用进行了规划，特别是在 2004 年完成了长江口综合整治开发规划，规划以生态环境保护为主线，其中对长江口生态环境保护规划中提出了湿地生态环境保护规划。该规划提出的长江口重要湿地保护措施主要有：

（1）制定长江口湿地生态环境保护规划。目前长江口地区湿地资源保护缺乏全面、总体性技术指导文件，须制定长江口湿地生态保护总体规划。

（2）突出重点，实行分级与分类保护。对长江口湿地实行分级与分类保护：一级保护湿地禁止开发利用；二级保护湿地根据湿地生态环境保护规划，确定其开发利用规模；三级保护湿地兼顾开发利用与保护的有机结合。

表 9-1　长江口湿地类型、位置、面积表　（单位：hm^2）

湿地类型及名称				分布范围	面积	湿地分类面积	备注
近海及海岸湿地	潮间淤泥海滩	杭州湾北岸	金山区边滩	西始于金丝娘桥，东至南汇的汇角	5703.15	13494.97	
			奉贤县边滩		5954.70		
			南汇县边滩		1837.12		
		长江南支南岸边滩	吴淞口北宝山边滩	吴淞口北至浏河口	5554.07	59594.9	
			吴淞口南：浦东新区边滩	吴淞口至浦东机场	5954.70		
			吴淞口南：南汇边滩▲	浦东机场至南汇角	58085.13		含铜沙沙嘴
	岩石性海岸		大小金山三岛▲	位于金山边滩南东海域，距金山嘴 5.5km	2501.85	2501.85	原自然保护区申请 $45hm^2$
河口水域			崇明东滩▲	北八滧起向东、南至奚家港	71895.77	257453.57	含佘山岛，为上海市市级鸟类自然保护区
			崇明岛周缘	除东滩外，崇明岛北缘、西缘、南缘滩涂	41188.24		北含黄瓜沙南含扁担沙
			长兴岛周缘	主体为长兴岛北部、西部滩涂	15483.91		含青草沙、中央沙、新浏河沙
			横沙岛周缘	主体为位于横沙岛以东滩涂	50549.87		含横沙浅滩、白条子沙
			九段沙▲	位于横沙岛与川沙南汇边滩间，距浦东机场 14km	40610.88		上海市市级自然保护区
			长江口北支湿地▲	从海门的沙阴至启东的启兴沙，其间有永隆沙、兴隆沙、临隆沙、带鱼沙、兴隆东沙、东黄瓜沙、启兴沙、沿岸江滩等，以及北支内低潮位 6m 水域的广阔地区。	47734		其中包括江苏省省级湿地自然保护区
水库			宝钢水库	位于长江南支南岸近宝钢侧。	164.00	299.00	原名石洞口水库
			陈行水库		135.00		
合计						353454.39	

注：表中未统计除水库以外的人工湿地；▲为重要湿地；长江口（北支）湿地面积仅为保护区面积。镇和农场，仅在沙岛海堤外缘有一些自然湿地，这部分湿地加上其他沙洲湿地构成长江口沙洲岛屿湿地。

（3）建立长江口国家级湿地自然保护区。为了加强对长江口湿地的保护力度，增强湿地自然保护区的功能，须在长江口现有湿地自然保护区的基础上，建立长江口国家级湿地自然保护区。

（4）完善湿地保护法规体系，健全湿地资源管理与协调机构。针对长江口湿地管理中存在的多部门管理、相互间缺乏沟通，协调不力的管理现状，应在长江口地区（涉及上海、江苏两省）建立统一的湿地保护协调管理机构。

（5）建立健全湿地监测与评价体系。加强长江口湿地基础研究，建立完整的湿地评价指标体系；建立和完善长江口湿地资源监测体系，以掌握湿地的动态变化。

96.长江口水域分布哪些珍稀水生动物，其主要生态习性如何？

长江口水域曾分布或仍有分布的珍稀水生动物主要有国家I级保护动物白鳍豚、中华鲟、白鲟，国家II级保护动物江豚、松江鲈、胭脂鱼。

（1）白鳍豚

白鳍豚，国家I级保护动物，中国特有的大型珍稀水生哺乳动物，也是世界上仅有的5种淡水豚之一，仅分布于长江中下游。白鳍豚的体形呈纺锤形，全身皮肤裸露无毛，背部青灰色，腹部灰白色，吻端突出、尾鳍大而扁（见图）。白鳍豚以肺呼吸，在水下生活时通常每隔40s须出水呼吸一次，视力较差，无外耳，主要依靠声呐系统发出的超声波进行定位及捕食，通常2~3头在一起集群，喜欢在鱼类丰富、水质清

图9-5　白鳍豚

图 9-6 白鳍豚畅游

澈的水域活动，主要以250g左右的常见淡水鱼类为食。

白鳍豚至今已有 2000 多万年进化史，素有“活化石”之称。历史上，白鳍豚家族最繁盛的时候，生活在长江及其支流和湖泊中的数量可能达到数千头。但由于白鳍豚繁殖率极低，数量稀少，加上生存环境不断受到于人类活动影响，导致其数量不断下降，1990 年代中期调查表明，长江中白鳍豚数量已不足 100 头。历史上，白鳍豚曾在长江口水域出现，但目前整个长江均难以见到，该物种已处于濒临灭绝的边缘，是全球少数的几种最为濒危的物种之一。

(2)江豚

图 9-7 江豚

江豚，是一种小型齿鲸，广泛分布于中国、韩国、日本、印度、巴基斯坦、爪哇群岛、波斯湾沿岸海域。生活在长江水域的江豚被认为是长江亚种，国家 II 级保护动物，主要分布于长江中下游干流、湖泊中，也喜欢聚集在潮流冲击的场所及咸淡水交汇的区域。江豚体形较白鳍豚稍小，头部钝圆，口小，没有背鳍和类似白鳍豚的长吻。成年江豚体长一般 130~160cm，体色呈深咖啡色。江豚多成群生活于长江洲滩附近水域，一般喜欢 3~5 头成群活动，主要生活习性同白鳍豚类似，但同白鳍豚相比，其生活水域较浅，捕食鱼类较小。

受人类活动影响，江豚数量也呈不断下降趋势。1991 年以前的调查表明，长江中约生活有江豚 2700 头左右，但目前，有专家估计其数量已下降到 1000 头左右，下降趋势十分明显。历史上，长江口水域有江豚分布或出现，但目前较少见到。

(3)中华鲟

图 9-8 中华鲟

中华鲟，俗称大腊子、腊子，鲟鱼，为中国特有的大型洄游性鱼类，属国家I级保护动物。中华鲟主要分布于长江干流及沿海岸水域，历史上中国其他水域（珠江、闽江、钱塘江）也有少量分布。

中华鲟是一种典型的江海洄游性鱼类，成熟个体一般体长1.7~3.0m，体重90~360kg，主要以虾、蟹、小鱼、软体动物、水生昆虫等为食。葛洲坝截流前，中华鲟性成熟个体每年5～6月由近海进入长江，溯江而上至长江上游产卵繁殖；葛洲坝截流后，中华鲟在宜昌葛洲坝下形成了新的产卵场。性成熟的中华鲟每年10~11月份上溯到达宜昌，在葛洲坝下产卵繁殖后再顺江而下，入海育肥。当年孵化出的幼鲟也顺江而下，于翌年5～6月份到达长江口水域并索饵、逗留至9月底，然后入海生长、育肥，直至性成熟后再溯江产卵。

图 9-9 中华鲟

长江口水域是中华鲟繁殖个体和幼鲟洄游必经之地，其中崇明东滩水域为中华鲟幼鲟索饵生长较为集中区域，上海市在此已建立长江口中华鲟幼鱼自然保护区（省级）。

(4)白鲟

白鲟，俗称象鱼、象鼻鱼、箭鱼，国家I级保护动物。白鲟属中国特有的物种，为白鲟科鱼类仅有的2个种之一。白鲟为大型洄游性中下层鱼类，主要分布在中国长江干、支流，通江湖泊、长江口区、东海也有分布，其成年个体一般在2m以上，曾有记录最

图 9-10

图 9-11

大个体长达7m，因此，四川渔民有“千斤腊子（中华鲟）万斤象（白鲟）”的说法。在长江上游江段，白鲟春、夏以食铜鱼、吻鮈为主，秋、冬则以食鰕虎鱼、虾类等为主；在下游、河口地区以食鲚鱼、虾类为主。

葛洲坝截流后，白鲟被分为坝上、坝下两个群体。目前，坝下群体已急剧减少，长江中下游及河口地区较少见到白鲟及其幼体。

（5）松江鲈

松江鲈又称四鳃鲈、花鼓鱼，国家II级保护动物，菲律宾、中国、朝鲜和日本均有分布，我国主要产于东海、黄海、渤海及河口区内陆水域，在长江口地区上海各县几乎都产，以上海松江县所产最负盛名，故称“松江鲈鱼”，与黄河鲤、松花江鲑、兴凯湖鲌并誉为我国四大名鱼。

图 9-12

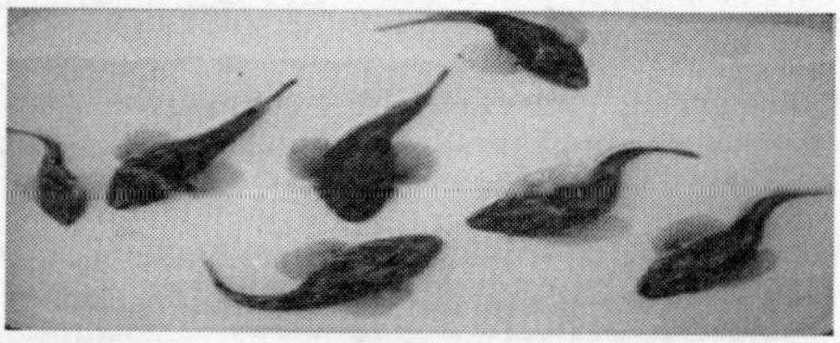

图 9-13

松江鲈主要栖息于近海沿岸浅水水域及与海相通的河川湖泊中，具降河洄游习性，到淡水水域生长、肥育，到河口近海区繁殖。松江鲈为底栖凶猛性鱼类，昼伏夜出，以小型鱼类、虾类为食。20世纪60年代以前，松江鲈产量较高，一个渔汛可捕5t多，但自70年代以来，由于人类开发活动的影响，导致其自然资源濒临枯竭。

（6）花鳗鲡

花鳗鲡，俗称鲈鳗、花鳗、雪鳗、鳝王、乌耳鳗、芦鳗、溪鳗，国家II级保护动物，体细长如日本鳗鲡，但体背侧及鳍密布棕黑色斑。其分布范围北达朝鲜南部及日本纪洲，西至东非，东达南太平洋的马贵斯群岛，南至澳大利亚南部，在我国长江口九段沙湿地水域附近每年均有发现。花鳗鲡最大个体长达2.3m，重40~50kg，花鳗鲡为典型降河洄游鱼类之一。生长于河口、沼泽、河溪、湖塘、水库等内。性情凶猛，体壮而有力。白昼隐伏于洞穴及石隙中，夜间外出活动，捕食鱼、虾、蟹、蛙及其他小动物，也食落入水中的大动物尸体。冬季成年个体降河洄游到江河口，待性腺发育成熟后到南海等地的深海沟中繁殖，繁殖后亲鱼即死亡。卵在海中孵化，待由仔鱼长成幼鳗后进入淡水水体生长。

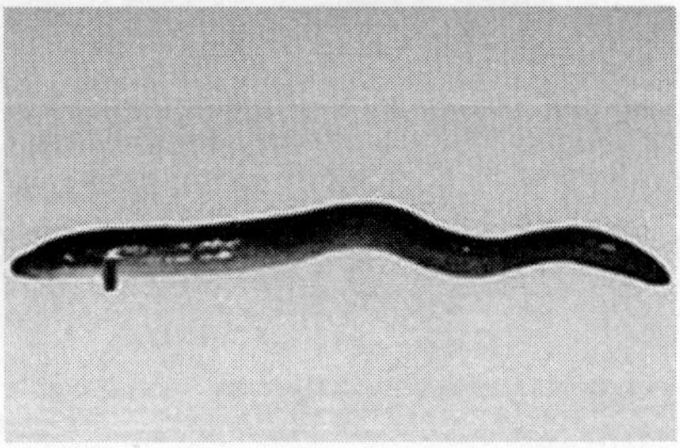

图9-14

(7)胭脂鱼

胭脂鱼，俗称火烧鳊、黄排、木叶盘、红鱼、紫鳊、燕雀鱼、血排、粉排，国家II级保护动物。胭脂鱼体侧扁，背部在背鳍起点处特别隆起，在不同生长阶段，体形及体色变化较大。胭脂鱼广泛分布于长江干流以及洞庭湖、鄱阳湖等通江湖泊，主要以底栖无脊椎动物和水底泥渣中的有机物质为食，亦吃一些高等植物碎片和藻类。长江中的胭脂鱼具有溯河洄游的习性，葛洲坝工程截流前，长江的胭脂鱼以中、上游江段及支流分布较多，其产卵场分布在长江上游及岷江、嘉陵江等支流。孵化出的大部分仔、幼鱼随江水漂流到中下游及其附属水体生长、发育，接近性成熟时逐渐上溯到上游繁殖。葛洲坝截流后，胭脂鱼被分为坝上坝下两

图9-15

图9-16

图 9-17

个群体，并且葛洲坝下已形成新的产卵场。历史上，曾有胭脂鱼在长江口水域出现的记录，目前长江口已基本见不到胭脂鱼。

97. 保护长江口珍稀水生动物的措施有哪些？

针对长江口珍稀水生动物现状，为保护生物多样性，中国相关机构、单位开展了大量珍稀水生动物资源保护研究工作，据其研究成果主要保护措施如下：

（1）建立自然保护区

为保护长江口水域重要的中华鲟幼鱼资源，2002 年 4 月在中华鲟幼鱼索饵肥育较集中的崇明东滩水域建立了长江口中华鲟自然保护区。保护区范围西起崇明东滩现已围垦的大堤，北起北效港，南起奚家港，东至吴淞标高 0m 等深线以外约 5km。面积约 $276km^2$，其中 0m 等深线以上面积约 $130km^2$、0m 等深线以下面积约为 $146km^2$。

（2）颁布法律、规章进行保护

为了贯彻执行《中华人民共和国野生动物保护法》，1993 年上海市颁布实施了《〈实施中华人民共和国野生动物保护法〉细则》。

为加强长江口中华鲟自然保护区的管理，2005 年 3 月上海市人民政府颁布实施了《上海市长江口中华鲟自然保护区管理办法》等。

（3）加强行政执法，实施禁渔制度

2003 年开始，农业部在长江流域全面实施禁渔期制度。其中，葛洲坝以下至长江河口水域禁渔时间为每年4月1日12时至6月30日12时，禁渔制度的实施减少了对鱼类资源的破坏，同时也减少了对珍稀水生动物的误捕和伤害。

2005年，《上海市长江口中华鲟自然保护区管理办法》实施后，对保护区进行封区管理，封区管理期（每年5月1日至9月30日）禁止从事渔业等生产经营活动。

(4)加强环保宣传，提高环保意识

为加强对珍稀水生动物资源的保护，长江口区域相关机构和单位历年来开展大量环保知识宣传活动，主要宣传形式包括培训、讲座、悬挂宣传横幅、张贴公告和告渔民书、散发宣传手册、开展公益活动等，区域渔民、居民等对珍稀水生动物资源的保护意识得到显著提高和增强。

(5)实施人工抢护，进行人工繁殖、增殖措施研究

为加强对中华鲟幼鱼资源的保护，1988年上海市成立中华鲟暂养保护站，开始了长江口中华鲟幼鱼的抢救、暂养保护工作；1992年成立上海市中华鲟抢救中心，扩大了保护、管理的覆盖面，至2004年，经抢救、暂养、放流的中华鲟幼鱼总数已达4506尾。同时，长江口中华鲟人工增殖放流工作也在积极展开。

为加强对松江鲈资源的保护，相关单位早在1970年就开始了对松江鲈人工繁殖技术的研究，目前已取得异地驯养、人工繁殖、育种等多项研究成果，为松江鲈的保护提供了广阔前景。

98.长江口及邻近海域分布有哪些重要渔场？其主要特征如何？

长江径流携带大量营养物质入海，河口及近海水域水生生物丰富、饵料资源充足，形成了众多鱼类及渔业资源优良的产卵繁殖、索饵、肥育场，因而也是渔业捕捞的集中区域——渔场。长江口及其邻近近海水域分布规模较大，对区域渔业生产影响较大的渔场主要有：长江口渔场、舟山渔场、吕泗渔场、海礁渔场、嵊山渔场等。

（1）长江口渔场

长江口渔场位于长江口咸淡水交汇水域，长江口内及口门附近，渔场总面积约20万hm^2（300万亩），相当于太湖大小，分布有鱼类14目112种，长江口传统的凤鲚、刀鲚、前颌间银鱼、白虾以及河蟹五大渔汛都集中在这一水域，同时该水域还分布有洄游性鱼类日本鳗鲡、中华鲟，生物多样性十分丰富。

（2）舟山渔场

舟山渔场位于长江口南侧、舟山群岛水域，是中国著名的近海渔场之一，也是中国最大的近海渔场。渔场海区等深线分布基本与陆岸平行，海底大部分地形平坦开阔，是海洋渔业生产的优良场所。被誉为"四大鱼产"的大黄鱼、小黄鱼、带鱼、墨鱼和鲳鱼、梭子蟹等在该渔场海区内成为独立的洄游群体，渔场主要渔业对象包括大黄鱼、小黄鱼、带鱼、墨鱼、鲳鱼、鳗鱼、鲐鱼、虾类和蟹类等9个种类.

（3）吕泗渔场

吕泗渔场位于长江口北侧、江苏省南通市和盐城市的东部，东经123°00′以西。其南部与长江口渔场相连，东部与大沙渔场相邻，北部与海州湾和连青石渔场相接。渔场总面积为28000km^2。吕泗渔场是中国著名的沙洲渔场，渔场内多辐射型沙洲，并时有变迁。大型沙洲有东沙、毛竹沙、蒋家沙、牛角沙和冷家沙等。渔场位于苏北沿岸水和长江冲淡水为主的沿岸低盐水系和外海高盐水系的混合区，是多种经济鱼类良好的产卵和索饵场所。吕泗渔场主要渔业捕捞种类为大黄鱼、小黄鱼、鲳鱼（银鲳、燕尾鲳），此外还包括三疣梭子蟹、各种虾类、海蜇、海鳗、黄鲫、马鲛、鳓鱼、鲐鱼等。吕泗渔场在江苏特别是南通市渔业发展中具有举足轻重的地位。据粗略统计，南通市每年的海洋捕捞产量中有70%左右来自吕泗渔场。

（4）海礁渔场

海礁渔场北起长江口北侧，南至舟山群岛东福山外海，西临长江口外的马鞍列岛，东至东经 124°00'，渔场水深一般在 40 ～ 50m，底质以黏土软泥、细砂粉土为主。渔场地形复杂，南北两侧分别是长江和钱塘江入海口，水深变化大，饵料基础雄厚，环境条件适宜，为东海带鱼的主要产卵场之一，是夏、秋季鲐、鲹等中、上层鱼类和幼鱼的重要索饵场。海礁渔场不仅是机轮底拖网作业区，也是光诱围网作业的区域。

（5）嵊山渔场

嵊山渔场位于长江口东南侧，西部水深约 20~25m，东部水深约 55~60m，花鸟山以北底质以泥为主，嵊山以东为砂底，浪岗周围为软泥。渔场处于不同水系的交汇区，水质肥沃，饵料丰富。每年秋后，带鱼经此洄游越冬，形成中国沿海冬季渔业规模最大、产量最高的带鱼的冬汛。

99. 保护长江口重要渔场的措施有哪些？

据调查表明，水域污染和不合理捕捞已成为制约长江口各渔场发展的重要因素，保护长江口的重要渔场措施主要包括以下几个方面：

（1）进行环保与法制宣传，增强环保意识，加强渔政管理

开展《渔业法》、《海域使用管理法》、《海洋环境保护法》等法律法规宣传，增强全民环境保护意识，使可持续发展观深入人心；同时，渔政执法与管理可有效地减轻非法捕捞、酷渔滥捕对渔场渔业资源的破坏。

（2）进行渔业资源调查与渔业规划，制定合理的捕捞结构，依法科学捕捞

目前，长江口各大渔场普遍存在捕捞船只过多、捕捞压力过大、捕捞结构不合理等问题，因此，根据各渔场渔业资源的特点和利用现状，编制科学渔业发展与捕捞规划，确定合理的捕捞结构、捕捞强度，保护和恢复已经衰退的水产资源群体，合理利用已经充分利用的群体，充分开发尚有潜力的群体，将成为保护渔场渔业资源的重要保障。

(3)控制长江口污水排放,加强水污染治理研究,减少赤潮危害

随着区域经济发展,长江口水域污水排放量逐年增加,大量污水排放一方面严重影响水质和渔业资源栖息环境,另一方面加重水体富营养化,使得赤潮暴发几率逐年增加,严重威胁渔业生物生存繁殖,给渔业资源发展带来重大不利影响,因此,控制长江口污水排放,加强长江口水域污染治理可有效改善渔业资源增殖环境,保障资源可持续利用。

(4)调整长江口渔业生产结构,开展重要渔业资源人工增殖措施研究

实施渔民转产转业,培育和发展沿江沿海水产养殖业,逐步减小捕捞对渔场渔业资源的压力;划定区域对重要渔业资源进行禁渔、休渔保护,同时积极开展人工增殖措施的研究,将为渔业资源的保护与恢复赢得有效时间和空间。

100.长江口的相关规划实施需要协调解决哪些生态与环境问题?

目前,在长江口地区正在开展或实施的规划主要包括长江口河势控制总体规划、长江口航道规划、长江口淡水资源开发利用与保护规划、长江口湿地保护与滩涂开发利用规划、长江口岸线开发利用规划、长江口防洪(潮)规划、长江口排灌规划、上海市城市总体规划、江苏省沿江开发总体规划、江苏省长江岸线利用布局总体规划等。根据这些规划的特点与要求,结合长江口的生态与环境背景特征分析,在规划编制和实施中需要协调解决的生态与环境问题主要包括:

(1)重要饮用水源地水质安全问题

长江口水体庞大,有着巨大的稀释和自净能力,虽沿岸排入大量工业废水和生活污水,但目前长江口总体水质状况尚好,大部分水域水体水质符合国家II类水质标准,是工农业生产和人民生活用水的良好水源,也是水生生物生长繁殖的理想生境。目前,尽管长江口地区有丰富的本地水资源和大量的过境水资源,

但北至江苏启东、海门，南到上海，是我国存在水质型缺水问题的典型地区之一，尤其是上海。长江口水质污染主要表现形式为岸边污染带，其主要污染物为氨氮、BOD5、TP（总磷）和CODMn等，长江口水质既受上游来水水质的影响，又与接纳本区域污水的数量密切相关。近年来，随着长江口地区人口的增长、产业布局调整与城镇建设的迅速发展，长江口废污水排放量呈逐年增加的趋势，局部水域水体污染日趋严重，岸边污染带逐年加剧。同时，长江口南支南岸近岸水域污染将直接影响上海市在南支的水源地建设，如浏河排污直接影响其下游宝钢水库、陈行水库的水质安全。

长江口地区相关规划的实施，对长江口近岸水域水文情势难以避免的会产生相应的影响，也同时会影响到长江口近岸水域分布的排污口布局和排污口入江污染物的分布、稀释扩散等。长江口排污口和入江污染物的变化，可能会对分布在长江口的重要水源地水质安全产生不利影响。因此，长江口相关规划的制订与实施中，需妥善协调解决长江口已有的和规划的重要饮用水源地水质安全问题。

（2）重要湿地及湿地生物资源保护问题

目前，长江口滩涂资源开发利用与湿地环境保护的矛盾日益突出，湿地圈围的速度越来越快。自20世纪50年代起到1997年已围垦的滩涂达785多km^2，相当于上海市陆域面积的12.4%。围垦首先破坏作为初级生产者的湿地植物，导致该生境下的水禽、两栖动物和爬行动物以及鱼类的栖息地、觅食地和繁殖场所的减小或丧失，导致生物的种群数量减少甚至濒临灭绝。另据最近上海市滩涂开发利用规划，到2010年前围垦滩涂4万hm^2（60万亩）（相当于400km^2），这意味着仅存的小部分高潮滩以及潮上滩，乃至部分低潮滩都被列入被围垦计划之中；随着区域经济的发展，江苏省的启东、海门、太仓也制定了围垦滩涂，利用沿江岸线资源，发展地方经济的规划。潮上滩和高潮滩是生物多样性最集中、资源量最丰富的滩涂地段，其中特别是高潮滩是构成食物链的主宰，生物进行物质循环和能量流转的地区。潮上滩和高潮滩的缺失，势必影响长江口区域的生物多样性，导致湿地的其他功能丧失。过量过度地围垦滩涂湿地，对湿地生态系统的破坏和干扰是极其严重的。为了有效保护长江口地区的重要湿地及湿地生物资源，在长江口地区已建立了崇明东滩鸟类国家级自然保护区、九段沙国家级湿地自然保护区、长江口（北支）湿地自然保护区等。因此，在长江口相关规划的制订与实施中，需协调解决重要湿地及湿地生物资源保护问题，尤其是相关规划与湿地自然保护区关系协调问题。

(3)珍稀水生生物保护问题

长江口水域处于咸淡水交汇区，水文条件复杂，生境条件多样，初级生产力高，饵料丰富，适宜多种生物生存，生境条件具有明显的季节性特点，受潮流影响明显。在长江口水域，存在中华鲟幼鱼自然保护区及多种鱼类的栖息地、产卵场、索饵场、洄游通道等生态敏感点。长江口水域可能出现或分布的珍稀水生动物主要有国家Ⅰ级保护动物白鳍豚、中华鲟、白鲟，国家Ⅱ级保护动物江豚、松江鲈、胭脂鱼；同时，凤鲚、刀鲚、前颌间银鱼、棘头梅童鱼、银鲳、小黄鱼、带鱼等是长江口水域的主要经济鱼类，中华绒螯蟹蟹苗、日本鳗鲡苗是重要的苗种资源，安氏白虾、脊尾白虾、对虾等是长江口主要经济虾类，中华绒螯蟹、锯缘青蟹、三疣梭子蟹等为主要经济蟹类。长江口地区相关规划的实施，对长江口水域水文情势难以避免的会产生相应的影响，可能对珍稀水生动物和多种鱼类的栖息地、产卵场、索饵场、洄游通道等生态敏感点产生影响。因此，在长江口相关规划的制订与实施中，需协调解决珍稀水生生物保护问题。

101.公众关注的长江口其他生态与环境问题有哪些？

长江口地区的重要饮用水源地水质安全问题、重要湿地及湿地生物资源保护问题、珍稀水生生物保护问题是公众十分关注的问题。除此之外，公众关注的长江口生态与环境问题尚有：

(1)长江口盐水入侵问题

长江口是径流和潮流交汇地带，长江入海口由北支、北港、北槽和南槽四大入海通道组成。由于河槽形态不同，盐水入侵受到一定的制约，使长江口两岸的盐度分布较为复杂。长江口盐水入侵一般发生在12月至翌年4月的枯水季节。南支水域有3个盐水入侵源：北支盐水的倒灌、南港和北港盐水的入侵；北支由于逐年自然淤积，下泄径流减少，潮流作用相应增强，枯水年基本受盐水控制，已失去作为淡水资源开发利用的价值。南支承担绝大部分长江下泄径流，淡水资源丰富，但在枯水期，北支和南支的盐水入侵导致口内盐度增强，北支倒灌盐水呈高浓度盐水团形式下移，南支高浓度盐水随涨潮上溯相对较少，对徐六泾的影响比较小。从最近观测资料分析，北支倒灌盐水也是长江口南支盐水入侵的主要来源之一，随南支落潮下泄的盐水主要通过白茆沙北水道进入南支，在新建水闸附近分成三路，一路沿着崇明南岸进入新桥水道，其影响可以到达庙港、南门，甚至堡镇以下水域；另一路随主流进入七丫口河段，该河段落潮流占明显优势，倒灌的盐水向下游移动，先影响宝钢水域，进而影响吴淞等下游水域，小部分盐水随涨潮流上溯，进入白茆沙南水道；还有一路漫过白茆沙浅滩进入白茆沙南水道，对白茆、浪港和钱泾等河段有一定的影响。

(2)长江口赤潮频发问题

2002年东海及邻近海域的赤潮已发生60多次，赤潮发生的次数、危害面积均创历史新高。根据国家海洋局东海监测中心历年的监测资料表明，长江口及其邻近海域的营养盐水平从20世纪60年代至今已经增加了7～8倍，近海水域水体均呈富营养或严重富营养状态，在长江口海域，超标范围分别向外海延伸120km和210km；从营养盐指标来看，长江口海域常年具备赤潮发生的物质基础。近3年来，东海赤潮的发生呈逐年上升趋势，且影响范围大、持续时间长，已逐渐威胁到沿岸的海洋生态环境。

据国家海洋局东海监测中心的检测结果，由于受陆域排污的影响，东海近岸海域已基本无Ⅰ类海水。

(3)渔业资源衰退问题

上海市渔业捕捞产量主要来自于长江河口地区，因此可以作为整个长江口渔业资源情况的代表，反映整个长江口渔业资源的变化。以1959～1998年39年资料系列代表进行分析，39年中上海市江湖渔业捕捞平均年产量约7931t。上海市江湖渔业捕捞产量整体趋势呈波浪式下降，20世纪90年代后期略有上升趋势，就90年代逐年年产量来看，各年份产量均低于平均产量，这一趋势同样亦反映出长江口区域整体渔业资源变化趋势，这表明与历史情况相比，近年来整个长江口区域渔业资源量已受到一定程度的破坏，90年代渔业产量已远小于60、70年代历史产量，从统计的资料来看，整个长江口水域渔业资源量呈现全面衰退的趋势，只是近年来衰退趋势趋于缓和，产量在低水平上日渐平稳，这可能主要归功于近20年来不断加强的渔业管理措施发挥的效益。

(4)生物多样性指数降低，生态环境质量呈衰退问题

目前，长江口生物多样性的指数已明显降低，生物物种减少。监测到的种类中，1998年与1982年相比，浮游生物种类减少69%；底栖生物生物量也明显降低，1998年与1992年相比、底栖生物减少54%，底栖生物量1998年比1982年减少88.6%，饵料基础衰退。一些国家级保护动物如白鲟、白鳍豚、松江鲈等濒临灭绝，历史上重要经济鱼类前颌间银鱼资源几近枯竭。由此说明，长江口地区的生态环境质量呈衰退迹象。

102. 长江口的生态与环境保护急需开展哪些研究？

根据长江口地区的主要生态环境背景特征，结合长江口地区相关规划的制订与实施，在长江口急需开展的生态与环境保护研究工作主要体现在以下方面：

(1)长江口水资源保护管理体制建设研究

长江口的水资源保护工作涉及水利、环保、农业、交通、海事、

港务监督、海洋、渔政、军事等多个部门。针对长江口水质管理中存在的多部门管理、相互间缺乏沟通，协调不力的管理现状，为加强长江口的水资源保护与管理，亟需研究长江口水资源保护管理体制的建设，以协调各行业之间的关系、水质保护与区域经济发展的关系。

(2)长江口水资源保护基础工作研究

目前，长江口水质保护研究工作在应用领域的研究较为薄弱，通过加强长江口水资源保护基础研究，对长江口水质变化规律作深入系统的了解，建立完整的河口水质评价、预测、预警指标体系，为水质保护与利用提供科学依据。

(3)长江口区域生态系统多样性保护研究

研究长江口及其邻近水域各主要生态类群生物数量的时空分布及群落结构的动态演替、长江口及其邻近水域渔业生态系统的生物组分之间及其环境之间的相互关系以及该生态系统的组成、结构与功能在时间上的变化；建立长江口生物多样性信息系统，开展人类活动对长江口生态系统健康的影响及评估，内容包括典型污染物对水生生物的致毒效应及生态响应；流域开发活动等非污染因素对生态系统的影响及评估；渔业捕捞活动及养殖业对海洋生物资源及海洋生态系统的压力等。在长江口水域水生态常规监测、专项调查的基础上，结合人类活动对长江口生态系统健康的影响及评估结论，制定区域相应的生物多样性保护措施。

(4)开展湿地保护、湿地监测与评价体系研究

目前长江口湿地保护研究工作无论是在基础研究还是在应用领域的研究都较为薄弱，湿地保护缺乏适合当地实际理论和技术的有效支持，应该在借鉴国外经验的同时，通过基础研究，对长江口湿地的类型、功能、价值、动态等有较为全面、深入系统的了解，建立完整的湿地评价指标体系，为湿地保护与利用提供科学依据。建立和完善长江口湿地资源监测体系，掌握湿地的动态变化；建立面向不同层次需求的湿地信息管理系统。

参考文献

[1]沈焕庭，茅志昌，朱建荣．长江河口盐水入侵[M]．北京：海洋出版社，2003.

[2]陈沈良，陈吉余，谷国传．长江口北支的涌潮及其对河口的影响[J]．华东师范大学学报：自然科学版，2003，2：74-80.

[3]余文畴，卢金友．长江河道演变与治理[M]．北京：中国水利水电出版社，2005：187-188.

[4]陈吉余，朱慧芳，董永发，等．长江河口及其水下三角洲的发育[J]．海岸河口研究，1990.

[5]沈焕庭，潘定安．长江河口最大浑浊带[M]．北京：海洋出版社，2001.

[6]沈焕庭，贺松林，潘定安．长江河口最大浑浊带研究[J]．华东师范大学学报：自然科学版，1995.

[7]陈吉余，恽才兴，徐海根，等．两千年来长江河口发育的模式[J]．海洋学报，1979.

[8]王永忠．长江口河道演变[M]// 余文畴主编．长江河道演变与治理．北京：中国水利水电出版，2005.

[9]水利部长江水利委员会．长江口综合整治规划要点报告[R]，2004.

[10]伊石．长江河口的治理——过去，现在和未来[M]// 陈吉余．从事河口海岸研究五十五周年论文选．上海：华东师范大学出版社，2000：422-425.

图书在版编目(CIP)数据

长江口焦点关注/马建华主编. —武汉：长江出版社，2007.10

(长江焦点关注丛书)

ISBN 978-7-80708-262-0

Ⅰ. 长… Ⅱ. 马… Ⅲ. 长江—河口—河道整治 Ⅳ. TV882.2

中国版本图书馆 CIP 数据核字(2007)第 158522 号

长江口焦点关注　　马建华 主编

出版策划：别道玉 钟小珍

责任编辑：钟小珍 王振

装帧设计：王祥林 刘斯佳

封面题字：邱小峰

出版发行：长江出版社

地　　址：武汉市解放大道 1863 号　　**邮　　编**：430010

E-mail:cjpub@vip.sina.com

电　　话：(027)82927763(总编室)

(027)82926806(市场营销部)

经　　销：各地新华书店

印　　刷：通山县九宫印务有限公司

规　　格：787mm×1092mm　1/16　12.75 印张　1 印张彩页　158 千字

版　　次：2007 年 10 月第 1 版　　2007 年 10 月第 1 次印刷

ISBN 978-7-80708-262-0/TV · 67

定　　价：28.00 元